16位專業主廚

最新調理機器

活用技術教本

- ○ 蒸氣烤箱
- ○ 真空調理機
- ○ 急速冷凍櫃
- ○ VCC 多功能料理機

瑞昇文化

STAFF

設計
野村義彦（LILAC）

攝影
後藤弘行　曽我浩一郎（旭屋出版）
香西ジュン　佐々木義仁　田中慶　野辺竜馬　東谷幸一

採訪・編輯
安武晶子　三上恵子　稲葉友子　虻川実花
井上久尚　前田和彦　斉藤明子（旭屋出版）

CONTENTS

本書的表記與注意事項

●在本書內有時候會將蒸氣烤箱 steam convection oven 以通稱的「蒸氣烤箱」作表記。

●材料與作法的表示則遵照各店家的方式。

●作法的加熱時間、加熱溫度、濕度、水蒸氣量等則是依據各店家所使用的機器設定來作表示。

●依據各廠牌對於加熱模式的稱呼不盡相同，在本書則統一表記如下：水蒸氣加熱為「蒸氣模式」，炫風烤箱的加熱則稱為「烤焗模式」。

●不適合生食的食材進行真空低溫加熱時請務必十分注意。

●進行真空低溫烹調不代表適合存放。需要存放時，請嚴格執行適當的加熱與保存方法。

●關於各店家的相關訊息是 2018 年 7 月現時點的資訊。

16位
專業主廚的
最新料理機器
活用技術教本

New Cooking Recipe **01**

使用 V.C.C 乾煎鵝肝
佐上粗磨巴哈咖啡豆

搭配使用香料醃漬的
覆盆莓果粒與覆盆莓醬，
加上夏翠絲香甜酒的香草醬汁與
龍蒿泡沫慕斯、
以及浸漬過夏翠絲香甜酒，
創業 150 年木村家本店的
人形燒共同完美演繹。

法式料理中的招牌菜色——鵝肝與季節水果的美妙搭配。放上自家烘焙咖啡名店「Café Bach」所研磨的 Espresso 咖啡豆，濃厚風味的鵝肝加上咖啡的苦味，製作出全新獨創風味。針對鵝肝的烹調方式，則是採用可準確調整溫控的 V.C.C（ Vario Cooking Center 多功能調理機），並將煎盤設定稍微傾斜，乾煎鵝肝時可讓過多油脂滴落，能更加提升料理的美味程度。

詳細食譜請參考 P014

New Cooking Recipe **02**

烤海藻酥皮真鯛

佐豌豆風味的清淡白酒醬汁
向名廚
費南德・波依特（Fernand Point）致敬

覆上散發海潮香氣的派皮烘烤的真鯛，使用保鮮膜與鮮奶油及香草一同包裹起來利用 V.C.C 做低溫烹調處理。真鯛表面呈現出香氣十足、酥脆的口感，魚肉本身則是保有濕潤口感，入口後魚肉綿密、輕易地化開，可享受雙重口感的樂趣。豌豆風味的白酒醬汁則使用手持式攪拌棒打出輕微起泡的泡沫慕斯，用當季食材與溫潤口感完美表現出充滿春天氣息的一道料理。

詳細食譜請參考 P016

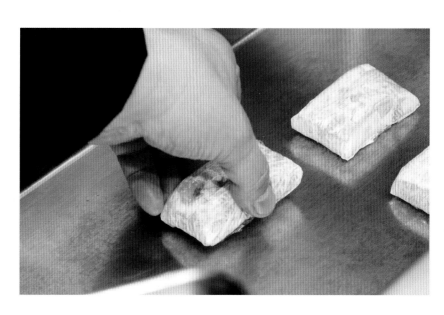

New Cooking Recipe **03**

使用 V.C.C 烹調日本國產菲力牛

佐酥炸綠蘆筍與「印加的覺醒」馬鈴薯糰子
擺上沾滿夏隆堡（Chateau-Chalon）風味
孔泰起司奶油醬的新鮮羊肚菌菇，
並注入富含乾烤綠蘆筍
與羊肚菌菇梗精華的高湯。

熟成的孔泰（Comté）起司與夏隆堡（Chateau-Chalon）黃酒，這是一道匯集法國・汝拉地區地方食材的料理。以「低溫泡煮牛肉 Bœuf à la ficelle」為概念，讓菲力牛肉在高湯中加熱熟成，在客桌旁慢慢注入醇厚美味的牛肉高湯，加上蘆筍與羊肚菌菇的雙重香氣來加持，共同演出一場精彩的美味饗宴。需費時費工用心準備的精華高湯，因善用V.C.C 的澄湯模式讓其更省時省力，做出品質更加穩定的菜肴。

詳細食譜請參考 P018

使用 V.C.C 乾煎鵝肝，佐上粗磨巴哈咖啡豆

搭配使用香料醃漬的覆盆莓果粒與覆盆莓醬，

加上夏翠絲香甜酒的香草醬汁與龍蒿泡沫慕斯、

以及浸漬過夏翠絲香甜酒，創業 150 年木村家本店的人形燒共同完美演繹。

● Vario Cooking Center（V.C.C）多功能料理機

[材料]（一盤份）

鵝肝…50 ～ 55g

低筋麵粉…適量

Espresso 咖啡豆…適量

人形燒 ※…1/2 個

指橙…適量

覆盆子果醬 ※…2 小匙

醃漬覆盆子 ※…2 顆

龍蒿泡沫慕斯 ※…適量

龍蒿葉片…適量

蛋白霜烤餅…1 個

夏翠絲香甜酒香草醬汁 ※…適量

檸檬葡萄醋…適量

香料麵包粉（pain d'épices）…適量

檸檬皮…適量

1 將鵝肝表面灑滿低筋麵粉（**A**）將多功能調理機設定為烘烤 / 乾炒模式、溫度為 230℃、煎盤稍微傾斜（**B**）後，再將鵝肝放置於煎盤上（**C**）。

2 乾煎鵝肝表面，待底部上色後再翻至另一面，持續乾煎鵝肝兩面並讓多餘油脂隨之滴落（**D**）。

3 讓乾煎完成的鵝肝放置一會後，放入半開放式烤箱（salamande 烤箱）加熱，並將 Espresso 咖啡豆用胡椒研磨器研磨成粉狀顆粒後灑在鵝肝表面。

4 器皿上鋪上人形燒、指橙後再擺放步驟 3 的鵝肝，並添加覆盆子果醬、醃漬的覆盆子以及龍蒿泡沫慕斯，最後用龍蒿葉片裝飾。周邊再擺放覆盆子果醬，果醬上放置蛋白霜烤餅並刨取些許檸檬皮灑於上方。用夏翠絲香甜酒製作的香草醬汁與檸檬葡萄醋盤內裝飾，並將香料麵包粉（pain d'épices）灑成線狀。

※ 人形燒

人形燒將夏翠絲香甜酒用水稀釋後，讓人形燒（無內餡）浸泡其中，並灑上些許鹽巴、香料麵包粉（pain d'épices）。

※ 覆盆子果醬

（備料）

覆盆子…500g

檸檬皮…2 小片

薄荷葉…3 片

鹽…適量

蜂蜜…50g

白酒…30g

覆盆子醋…15g

1 將覆盆子用檸檬皮、薄荷葉、鹽巴浸泡醃漬。

2 將蜂蜜放入平底鍋煮出焦香味後加入白酒與覆盆子醋，並煮至酒精揮發。

3 將步驟 1 材料加入步驟 2 中，持續熬煮至水分完全蒸發後放置冷卻。

※ 醃漬覆盆子

將覆盆子清洗乾淨後去除水分，用夏翠絲香甜酒、鹽、海藻糖、香料麵包粉（pain d'épices）浸泡兩小時。

※ 龍蒿泡沫慕斯

（備料）

龍蒿…15g

a { 低脂牛奶…200g

{ 鹽…2g

{ 海藻糖…1.6g

鮮奶油…40g

卵磷脂…少許

1 用手搓揉龍蒿後與材料 a 一起放入鍋中，加熱至即將沸騰狀態。

2 關火並放置浸泡約 10 分鐘後過濾，接著加入鮮奶油與卵磷脂並混合攪拌。

※ 夏翠絲香甜酒香草醬汁

去除夏翠絲香甜酒的酒精後，加入葛粉調整稠度，用香草莢與四季柑醋調味。

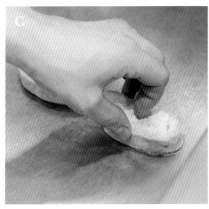

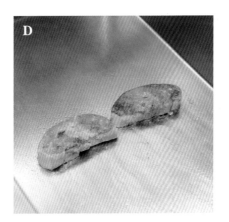

烤海藻酥皮真鯛

佐豌豆風味的清淡白酒醬汁

向名廚費南德・波依特（Fernand Point）致敬

● Vario Cooking Center（V.C.C）多功能料理機

[材料]（一盤份）

真鯛…50g

鹽、胡椒…各適量

a ⎰ 百里香…3cm
　 ⎱ 月桂葉…少許
　　 47％鮮奶油…15㎖

檸檬汁…少許

法式蘑菇泥 ※…適量

海藻酥皮 ※…適量

寬扁麵 ※…適量

配料 ※（豌豆、荷蘭豆）…適量

豌豆風味的清淡白酒醬汁 ※…適量

酢漿草…適量

花穗紫蘇…適量

橄欖油…適量

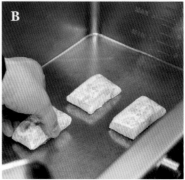

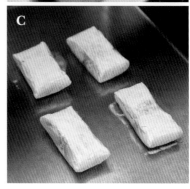

1 將真鯛抹上鹽、胡椒，並與材料 a 一起用保鮮膜包裹起來（**A**）。

2 將步驟 **1** 食材放上設定好烘烤／乾炒模式、溫度 60℃ 的多功能料理機煎盤上（**B**），蓋上鍋蓋加熱 15 分鐘。

3 15 分鐘後將食材翻面，再次蓋上鍋蓋並持續加熱 15 分鐘（**C**）。

4 撕開保鮮膜，塗上檸檬汁與法式蘑菇泥，再覆上海藻酥皮，最後放入半開放式烤箱（salamande 烤箱）烘烤即可。

5 於器皿上盛入寬扁麵與步驟 **4** 食材，將豌豆風味的清淡白酒醬汁打至發泡後注入盤內周邊，再擺上一些配料。最後，用酢漿草與花穗紫蘇裝飾，再淋上些許橄欖油就完成了。

※ 法式蘑菇泥

（備料）

紅蔥頭…2 根
巨型蘑菇…2 顆
奶油…50g
雞高湯…60g
47％鮮奶油…120g
鹽、胡椒…各適量

1　將紅蔥頭與蘑菇切丁。

2　先用奶油將紅蔥頭炒香，接著放入蘑菇持續拌炒。

3　加入雞高湯燉煮，接著加入鮮奶油，最後用鹽、胡椒調味。

※ 海藻酥皮

（備料）

奶油…360g
麵包粉…360g
帕瑪森起司…300g
海藻（雞冠菜）…200g
青海苔…6g
鹽…7.2g

待奶油恢復常溫後，將其他材料與奶油混合。

※ 寬扁麵

將寬扁麵浸泡水中約 3 小時，再依點餐需求量放入加鹽的熱水中煮 1 分鐘。

※ 配料

將豌豆與荷蘭豆用熱水燙熟備用。

※ 豌豆風味的清淡白酒醬汁

（備料）

奶油…80g
紅蔥頭（切薄片）…150g
洋蔥（切薄片）…150g
蘑菇（切薄片）…90g
真鯛★…200g
a｜純米酒…100g
　｜白酒…200g
　｜不甜苦艾酒（Dry Vermouth）…200g
　｜泰式魚露…15㎖
　｜月桂葉…1 片
　｜百里香…4～5 枝
　｜洋香菜的莖…適量
　｜鹽…一小搓
　｜白胡椒…適量
雞高湯…500g
47％鮮奶油…150g
葛粉…適量
b｜低脂牛奶…100g
　｜47％鮮奶油…60g
　｜奶油…30g
豌豆泥★…50g

★真鯛：將真鯛抹鹽清洗後切成小塊。
★豌豆泥：將豌豆用加 1％的鹽水燙熟後再過冰水冷卻，接著用攪拌機攪成泥。

1　於鍋中先加熱奶油融化後，放入紅蔥頭、洋蔥、蘑菇拌炒，接著放入事先處理好的真鯛魚肉持續拌炒。

2　加入材料 a 輕微地燉煮，再加入雞高湯與鮮奶油持續燉煮 10 分鐘，最後用 chinois 濾網篩（圓錐形過濾器）將湯汁過濾。

3　在步驟 2 中加入葛粉調整湯汁濃稠度，加入 b 材料與豌豆泥混合攪拌。

使用 V.C.C 烹調日本國產菲力牛

佐酥炸綠蘆筍與「印加的覺醒」馬鈴薯糰子

擺上沾滿夏隆堡（Chateau-Chalon）風味孔泰起司奶油醬的新鮮羊肚菌菇，

並注入富含乾烤綠蘆筍與羊肚菌菇梗精華的高湯。

● Vario Cooking Center（V.C.C）多功能料理機

[材料]（1 人份）

混種牛 菲力部位…80 ～ 85g

鹽、胡椒…適量

黑胡椒醬…適量

日式點心「最中」的餅皮（大）…1/2 片

孔泰起司（Comté）…薄片 1 片

羊肚菌菇奶油醬 ※…適量

酥炸與蒸煮綠蘆筍 ※…1 根

炸馬鈴薯糰子 ※…2 顆

香葉芹…適量

金箔…適量

羊肚菌菇粉…適量

黑胡椒…適量

牛高湯 ※…適量

綠蘆筍的皮…適量

羊肚菌菇梗…適量

1 在菲力牛肉上灑上鹽、胡椒，將多功能料理機 V.C.C 設定為烘烤／乾炒模式，溫度 230℃，於煎盤上翻煎牛肉正反兩面（**A**）。

2 接著放入高溫的烤箱內烘烤加熱，並於牛肉上方塗上胡椒醬。

3 於盤子上擺上「最中」的餅皮，放入蒸煮過的綠蘆筍梗，接著將步驟 **2** 盛放於上，然後淋上羊肚菌菇奶油醬，再以孔泰起司切片、香葉芹、金箔裝飾。盤子周邊再擺上酥炸綠蘆筍、炸馬鈴薯糰子與羊肚菌菇粉，最後灑上黑胡椒。

4 將蘆筍皮（事先經過乾燥處理）與羊肚菌菇梗（事先經過乾燥處理）放入茶葉濾網，連同高湯一同放入茶壺浸泡（**B**），最後於用餐顧客前再將高湯倒入步驟 **3** 的盤中（**C**）。

※ 羊肚菌菇奶油醬

羊肚菌菇奶油醬將羊肚菌菇用奶油拌炒，灑上鹽及胡椒，倒入黃酒（Vin Jaunes：法國‧汝拉地區的黃葡萄酒）使其燉煮。加入少量的雞高湯及鮮奶油輕微攪拌，最後再加入些許的孔泰起司奶油醬★與少量細蔗糖（Cassonade），一邊攪拌羊肚菌菇一邊燉煮。

★ 孔泰起司奶油醬

（備料）

奶油…100g
低筋麵粉…100g
雞高湯…500g
牛奶（鹽 1%）…500g
a ╲ 奶油…30g
╲ 格呂耶爾起司…60g
╲ 孔泰起司（Comté）…80g
╲ 蛋黃…2 顆
╲ 月桂葉…適量
鹽、胡椒…適量
荳蔻…適量

1 於熱鍋放入奶油使其溶化，加入低筋麵粉用小火拌炒。

2 拌炒到無粉狀後，將整個鍋子接觸冰水冷卻。

3 加入高湯與牛奶，用打蛋器攪拌至柔滑狀態。

4 將步驟 3 材料加熱煮沸，接著將材料 a 加入進行乳化。

5 最後用鹽與胡椒調味，加入豆蔻後用 chinois 濾網篩（圓錐形過濾器）將醬汁過濾。

※ 酥炸與蒸煮綠蘆筍

將綠蘆筍切成三等份油炸，蘆筍梗則切成小方塊狀，用鹽、胡椒與奶油蒸煮。

※ 炸馬鈴薯糰子

（備料）

馬鈴薯（品種：印加的覺醒）…250g
高筋麵粉…60g
帕瑪森起司…30g
雞蛋…1.5 顆
水…25g
鹽…3g
海藻糖…1g
橄欖油…1.5g
炸油…適量

1 將馬鈴薯蒸熟去皮後壓碎。

2 於步驟 1 加入其他材料後混合攪拌均勻。

3 捏成球狀後用中溫的油油炸。

※ 牛高湯

（備料）

牛小腿肉（絞肉）…3kg
洋蔥…1/4 個
a ⎰ 洋蔥…1/2 顆
  ⎱ 紅蘿蔔…1/2 根
  ⎰ 長蔥…1/2 根
  ⎱ 芹菜…1/2 根
蘑菇…1 盒
番茄…1 顆
鹽…適量
蛋白…250g
雞高湯…5000㎖
b ⎰ 龍蒿…5g
  ⎱ 百里香…5 根
  ⎰ 荷蘭芹…7 根
  ⎱ 黑胡椒…5g

1 將洋蔥（1/4 個）切成輪狀，用鋁箔紙包起來，將洋蔥單面煎烤上色。

2 將材料 a 切成 1.5cm 塊狀大小，用食物調理機再切碎，蘑菇則直接丟入食物調理機打碎。番茄先切半去籽後再切成 6 ～ 8 等份。

3 於料理缽中放入步驟 2 材料與牛小腿絞肉均勻拌揉，加入鹽與蛋白後再持續拌揉。

4 將加熱至約體溫程度的高湯一半加入步驟 3 中並攪拌均勻。

5 將多功能調理機設定為澄湯模式、溫度 87℃（A）後，將步驟 4 材料與剩餘高湯一同倒入調理機內攪拌，待螢幕出現「加熱」訊號後則停止攪拌讓其靜置。

6 挑選步驟 5 的某個地方撥出空間，將材料 b 放入並持續加熱約 2 個半小時（B）。

7 將機器附屬濾網放入多功能調理機的前方位置（C），用觸控螢幕設定為傾斜模式（D），用觸控螢幕設定為傾斜模式（E）。

Nabeno-Ism

利用擁有溫度管理與高度機能特性的 V.C.C 實現高品質、高效率的烹調方式

行政主廚 CEO

渡辺雄一郎先生
Yuichiro Watanabe

從大阪阿倍野辻調理師專門學校畢業後，便開始在法國里昂或法國南部的星級餐廳修業，之後當上「ル・マエストロ・ポール・ボキューズ・東京」的廚房領班。後來歷經 21 年就職於「タイユバン・ロブション（Taillevent Robuchon）」、「レストランカフェフランセ（Restaurant café Francais）」、「ジョエルロブション（Joël Robuchon）」等，侯布雄（Robuchon）集團內餐廳工作，歷任到行政主廚的職位。最終於 2016 年 7 月開設「Nabeno-Ism」餐廳。

「Nabeno-Ism」

地址：東京都台東區駒形 2-1-17
電話：03-5246-4056/ 規模：26 席
善用淺草駒形的地利之便，將江戶傳統食材與法式料理精髓融合為一，提供當季料理套餐。午餐提供約一萬日幣的套餐，晚餐則是提供兩萬日幣的套餐。（含稅價，服務費另計）

餐廳開設在日本傳統飲食文化聚集的淺草駒形，以法式料理烹調技巧為基礎，再搭配江戶食材提供獨創的法式料理人——渡邊主廚。作為一個日本人主廚，尊崇先人的烹調配方，並將其精粹解構後再重新組合創新視為重要課題，每日不斷地挑戰自我創新。

店內除了設有鐵板或平窯等法式料理傳統調理設備以外亦導入最新料理機器，打造出混合式廚房。在新式料理機器當中，烘烤、燉煮、乾炒等多樣化加熱烹調方式一應俱全的多功能調理機（V.C.C）一個機台就可應付各式各樣的烹調需求。

渡邊主廚說道：「像是製作高湯這種費工的料理作業，交給可確實掌控溫度並擁有高度機能的 V.C.C 來製作的話就可有效率地製作出味道一致的菜肴」。

再者，本回所介紹的真鯛料理，原本應該使用大量鮮奶油下去燉煮，但由於使用 V.C.C 烹調，大大地抑止鮮奶油的使用量，實現不浪費的料理方式。鵝肝則是將 V.C.C 的鐵板設定傾斜，讓多餘的油脂乾煎時可順勢滴落，將鵝肝原本的風味更加提升的料理作法。其他像是需要壓力烹調的燉煮或是連夜熬煮的料理，善用具有先進技術的 V.C.C 則可提升料理品質並達到高度效率。

New Cooking Recipe 04

使用無氧加熱技術
烹調香檳酵母醃製的蘑菇
以及運用真空調理方式
烹調裹滿蘑菇風味的
乳鴿 KRUG2017

這是受 KRUG 公司委託，使用蘑菇所創作出來的料理。熟成而帶有多重風味的香檳與蘑菇究竟該如何搭配……因而研發出來的一道創意料理。讓蘑菇與香檳酵母共同發酵熟成，於汽球袋中灌入一氧化二氮加熱。擺盤時不會發現有使用過氣球袋，連看不到的細節也很講究作法的蘑菇，纏繞著滿滿香檳酵母的香氣，與乳鴿的美味進行完美的結合搭配。

詳細食譜請參考 P030

New Cooking Recipe **05**

熟成赤點石斑生魚片 Carpaccio
佐奶油魚肝醬夾心之
魚粉馬卡龍、魚子醬
再搭配赤點石斑魚翅特製高湯

間主廚談到，為了使魚肉漂亮熟成，需要徹底做到烹調管控才能達成。本回料理也是仔細確認鹽的比例與脫水狀態，才得以讓魚肉做到濕潤熟成。魚翅則取法於「河豚的魚翅酒」作法，使其乾燥並烘烤後浸泡於高湯內。至於魚肝部分，則是採用低壓真空烹調機，同時去除內臟的血液及腥臭味來加熱，因此可品嚐到無雜質、純淨的原始食材風味。藉由採用低溫真空烹調機，得以更加拓展新的料理方式，成為目前最喜愛的料理機器。

詳細食譜請參考 P032

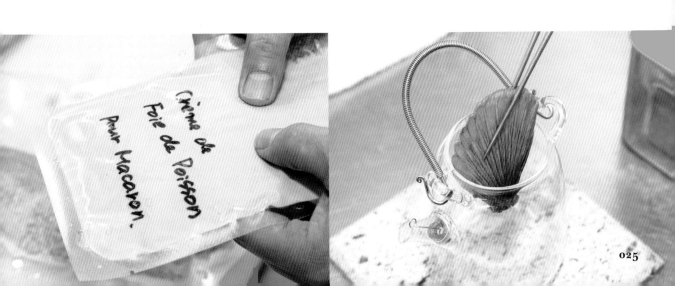

New Cooking Recipe **06**

嚴選使用東京鮑魚……
海耳與豚耳的創意拼盤

「東京日之出村對身障者就業支援機構，創立有鮑魚養殖事業，我身為一個肩負飲食擔當重任之人也想積極參與 CSR 活動，所以當收到他們委託時，確認過食材的品質後馬上就答應了。」間主廚談道。清蒸鮑魚時烹調溫度設定在比酒精沸點還低 1 度，這是為了不讓食材的美味流失，期望可品嚐到食物原始風味下經過計算的料理手法。詢問到「作為拼盤組合，為什麼是豚耳？」的問題時，間主廚不失幽默地回答：「這是法語的諧音，耳朵很有趣吧。」

詳細食譜請參考 P034

New Cooking Recipe **07**

裝盛在乳膠氣球內的
鵝肝松露蒸蛋溫凍與松露醬汁

法式料理中最具代表性的食材——鵝肝與松露，此對天王組合已經在料理上被發揮
得淋漓盡致，因此在思考是否可再創造出新的特色風味之際，間主廚突然靈光一現
想到了「溫凍」。讓享用的賓客親手完成料理，體驗參與料理的樂趣以外，連同料
理手法也是與傳統料理手法重新解構組合，蛻變出一道嶄新的料理。

詳細食譜請參考 P036

使用無氧加熱技術烹調
香檳酵母醃製的蘑菇以及
運用真空調理方式烹調
裹滿蘑菇風味的乳鴿 KRUG2017

●蒸氣烤箱 steam convection oven　　●低溫烹調機 water baths

[材料]（2 人份）

用香檳酵母醃製蘑菇

蘑菇⋯100g

a　自製鄉村麵包⋯100g
　　卡馬格鹽⋯5g
　　砂糖⋯2.5g
　　香檳酵母⋯0.4g
　　庫克陳年香檳
　　（KRUG GRAND CUVÉE）⋯90g

真空烹調乳鴿

法國乳鴿胸肉⋯1 片
鹽⋯乳鴿胸肉重量的 1.3%
黑胡椒⋯少許
自製磨菇粉末⋯適量
胡桃油⋯少許
蜂蜜⋯少許
義大利麵串籤⋯適量
莧菜、西洋蓍草等各式香草⋯適量

牛肝菌菇風味的餅乾粉末

低筋麵粉⋯50g
全麥粉⋯50g
奶油⋯50g
化學鹽⋯0.9g
砂糖⋯3g
乾燥牛肝菌菇粉⋯3g
焦糖色素⋯少許
竹炭粉⋯少許
壺底油⋯2g
蛋液⋯30g

蘑菇風味的法式鹹蛋糕

低筋麵粉⋯120g
自製磨菇粉末⋯3g
烤鹽⋯2.8g
砂糖⋯2.5g
白醬油⋯3g
白胡椒⋯少許
泡打粉⋯3g
奶油⋯80g
全蛋⋯2 顆
水⋯25g

1 使用材料 a 製作麵包漬物基底。

2 將蘑菇浸漬於步驟 **1** 的麵包漬物基底，放置 7 天讓酒精發酵（**A**）。

3 將步驟 **2** 材料放入汽球袋中，灌入一氧化二氮氣體後封住（**B**），使用設定蒸氣模式 60℃ 的蒸氣烤箱進行 30 分鐘的真空加熱。

4 將法國乳鴿胸肉灑上鹽、黑胡椒、自製磨菇粉末 ※（**C**）後，放入袋中，接著加入胡桃油、蜂蜜後將袋子真空包裝。

5 將步驟 **4** 材料浸泡 100℃ 熱水中 3 秒後急速冷卻（表面殺菌處理），之後放入設定為 54℃ 的低溫烹調機內加熱 30 分鐘（**D**）。

6 製作牛肝菌菇風味的餅乾。

7 製作蘑菇風味的法式鹹蛋糕。

8 將步驟 **6**、**7** 的食材磨成粉末。

9 於盤子上灑上步驟 **8** 的牛肝菌菇風味的餅乾粉末與蘑菇風味的法式鹹蛋糕粉末（**E**），將步驟 **3** 的蘑菇（**F**）與步驟 **5** 的乳鴿胸肉切片，再用義大利麵條當作串籤組合起來裝盤，最後用香草裝飾點綴。

※ 用冷凍乾燥機製作而成的。

熟成赤點石斑生魚片 Carpaccio 佐奶油魚肝醬夾心之魚粉馬卡龍、魚子醬再搭配赤點石斑魚翅特製高湯

●低壓真空烹調機 Gastrovac　●蒸氣烤箱 steam convection oven

[材料]（2 人份）

熟成赤點石斑生魚片

Carpaccio

赤點石斑魚…100g

烤鹽…0.6%

鯛魚醬…1%

珊瑚菜…適量

紅海苔…適量

魚子醬…適量

赤點石斑的魚翅高湯

赤點石斑的魚翅…2 片

魚高湯…適量

魚粉馬卡龍

蛋白…50g

乾燥蛋白…3g

糖粉…5g

明治勾芡粉…1.5g

杏仁粉…50g

蛋殼粉…2g

魚粉（烤飛魚粉）…2g

鹽（沖繩命御庭製鹽）…0.4g

米油…1.2g

赤點石斑魚肝奶油醬

赤點石斑魚肝…50g

a ｝牛奶、粗粒白胡椒、新鮮月桂葉…各適量

b ｝馬斯卡彭起司…50g

昆布粉…1.5g

鯛魚醬…1g

伏特加…1g

烤鹽…適量

白、黑胡椒…各少許

1 準備三片赤點石斑魚肉片，塗上 0.6% 的烤鹽與並刷一次鯛魚醬，用脫水墊包起來讓其脫水 10 小時。

2 將步驟 1 食材用紙巾包裹起來做真空包裝。隔天再更換一次紙巾後，以 2℃ 冷藏放置 7 天使其熟成（**A**）。

3 製作魚粉馬卡龍。

4 將赤點石斑魚肝浸漬於材料 a 中（**B**），接著放入設定 60℃ 的低壓真空烹調機內 3 分鐘後洩壓，此步驟須重複 6 次。

5 將步驟 4 食材與材料 b 混合攪拌製作魚肝奶油醬，接著塗在步驟 3 的馬卡龍中作為夾餡（**C**）。

6 乾燥赤點石斑的魚翅，用烤箱烘烤後放入魚高湯內，以 90℃ 持續煮 10 分鐘，熬煮成魚翅高湯（**D**）。

7 將步驟 2 的赤點石斑魚皮那一面用噴槍炙燒表面（**E**）後，切成薄片。

8 於器皿上擺放馬卡龍、熟成的赤點石斑生魚片 Carpaccio、珊瑚菜、紅海苔、魚子醬，接著將步驟 6 的魚翅高湯倒入茶壺中搭配飲用。

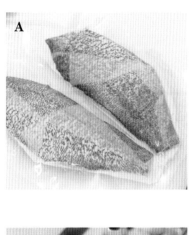

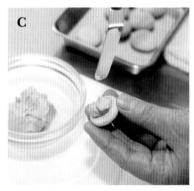

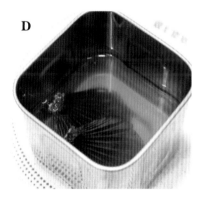

嚴選使用東京鮑魚……
海耳與豚耳的創意拼盤

●蒸氣烤箱 steam convection oven

[材料]（2 人份）

海耳（亦指鮑魚）
（清蒸東京鮑魚佐鳴門海帶）

東京・日之出町產的鮑魚

   …1 個＝ 130g

日本酒（福生－田村酒造「刀美」）

   …100g

水…20g

鳴門灰干海帶…適量

山葡萄酒燉豚耳

豚耳（豬耳）…1 個（250g）

a ｛ 調味蔬菜 Mirepoix（汆燙用）

   …適量

   月桂葉…2 片

   顆粒胡椒（黑、白）…12 粒

   丁香…3 粒

   水…可覆蓋食材的量

   鹽…少許

b ｛ 紅蔥頭（切碎）…50g

   蘑菇…40g

   奶油 A（拌炒用）…30g

   月桂葉…1 片

砂糖…8g

紅酒醋…5g

山葡萄酒…750㎖

黑顆粒胡椒 B…10 粒

丁香…3 粒

山椒風味的鮑魚奶油醬

洋蔥（切碎）…20g

奶油 A（拌炒用）…8g

奶油 B（製作焦化奶油用）…15g

鮑魚原汁…150g

鮮奶油…30g

白胡椒…少許

明治勾芡粉…適量

山椒嫩芽（木之芽）…適量

1 將切碎的洋蔥用奶油拌炒至輕微上色。

2 再於另一鍋中放入奶油，製作焦化奶油，接著將做好的焦化奶油倒入步驟 1 的鍋中（**C**）。

3 將事先取好作為醬汁的鮑魚原汁倒入鍋中約 1 分滿。

4 接著加入鮮奶油、白胡椒並倒入攪拌機內攪拌，然後調味並使用勾芡粉調整濃稠度（**D**）。

5 最後將山椒嫩芽（木之芽）切碎後灑上。

c ｛ 褐醬（60 年歷史的多蜜醬汁基底）

   …400g

   月桂葉…1 片

   肉桂棒…1 根

   肉豆蔻…2 個

波特酒…100g

水飴…30g

奶油…適量

烤鹽…適量

山葡萄葉…適量

甜菜根粉…少許

山椒枝葉…適量

葡萄藤蔓…適量

蕎麥米與迷你珍珠燉飯

蕎麥米（用米油油炸）…25g（乾燥）

迷你珍珠（恢復 Q 彈狀）…10g（乾燥）

長蔥（切碎）…8g

白醬油…1g

昆布出汁 ※…60g

烤鹽…適量

白胡椒…少許

1 蕎麥米用米油油炸後，將油瀝乾去油。

2 鍋中放入切碎的長蔥用米油小火慢炒，接著倒入步驟 1 的蕎麥米攪拌，再慢慢加入白醬油與昆布高湯燉煮。

3 將煮過已恢復 Q 彈狀的迷你珍珠加進步驟 2 鍋中攪拌（**E**），接著用烤鹽及胡椒調味。

※ 將高湯 400g、水 300g、酒 50g、昆布 10g 用 60℃ 5 分鐘 x 6 回做低壓加熱烹調。

薑黃與新鮮胡椒的馬鈴薯泥

馬鈴薯…70g

奶油…8g

牛奶…15g

鮮奶油…15g

薑黃…0.9g

新鮮胡椒（切碎）…5g

烤鹽…適量

清蒸東京鮑魚佐鳴門海帶

1 仔細清洗東京鮑魚（帶殼），再用鳴門海帶將其捲起來，加入水、東京田村酒造的日本酒（刀美）後進行真空包裝（**A**）。

2 將蒸氣烤箱設定蒸氣模式77℃，將步驟**1**食材放入加熱40分鐘。

3 煮好後取出並將鮑魚去殼（**B**），將鮑魚原汁過濾作為醬汁備用。

山葡萄酒燉豚耳

1 將豬耳仔細去毛並確實清潔，切成兩半後放入鍋中，接著將a材料加入鍋中一起燉煮1小時。

2 於其他鍋中放入b材料並拌炒至上色為止。加入砂糖、紅酒醋後持續攪拌。

3 加入山葡萄酒、黑粒胡椒、丁香，持續燉煮至葡萄酒量剩下1/3左右。接著將其過濾，加入步驟**2**的豬耳與c材料。

4 放入設定combination模式105℃的蒸氣烤箱加熱40分鐘後，放入波特酒與水飴後再持續加熱30分鐘。

5 將烹調好的豬耳取出並與醬汁分開，醬汁部分則持續熬煮，加入奶油增加黏稠度並調味。

6 製作馬鈴薯泥，把薑黃與新鮮胡椒切碎混入攪拌，再用烤鹽調味。

7 將葡萄葉油炸。

擺盤

於器皿上盛上蕎麥米燉飯，將鮑魚與鮑魚肝切片後擺上，再淋上山椒風味的鮑魚奶油醬，上頭再擺放山椒嫩葉。將馬鈴薯泥擺放在葡萄葉上（**F**），接著放上豬耳，淋上用奶油調製而成的醬汁，灑上自製的甜菜根粉，最後用山椒的枝葉與葡萄藤蔓裝飾。

裝盛在乳膠氣球內的
鵝肝松露蒸蛋溫凍與松露醬汁

●真空調理機　●蒸氣烤箱 steam convection oven

[材料]（2 人份）

鵝肝與松露的蒸蛋溫凍

洋蔥（切片）…60g

奶油…15g

二次高湯…200g

鮮奶油…30g

鵝肝…50g

水煮蛋的蛋黃…1 顆

卡馬格鹽…少許

松露（切碎）…8g

Gellantor 果凍粉（NUTRI 公司製造）

　…5g

松露醬汁

洋蔥（切片）…70g

奶油…30g

蘑菇（切片）…70g

二次高湯…250g

松露（切碎）…50g

a ｛ 鮮奶油…30g

　｛ 蜂蜜…2g

　｛ 白胡椒（粉）…少許

　｛ 松露汁…10g

　｛ 松露油…6g

　｛ 雅馬邑白蘭地（Armagnac）…3g

明治勾芡粉…適量

卡馬格鹽…適量

1 將切片的洋蔥用奶油拌炒，接著加入蘑菇切片
　並注入高湯燉煮。將切碎的松露（鵝肝與松露
　蒸蛋溫凍製作的步驟 **1** 食材）加進去。

2 倒入攪拌機攪拌，加入 a 材料，用鹽調味後再
　加入勾芡粉調整稠度。

1 將松露放入真空用的袋子中，將雅馬邑白蘭地、馬德拉葡萄酒（Vinho
　da Madeira）、水（全部另外倒取的）以 1：1：1 比例倒入，接著
　加入少量的鹽之後抽真空（**A**）。接著放入設定好蒸氣模式、溫度
　100℃ 的蒸氣烤箱中加熱 30 分鐘（此處食材也會使用在醬汁製作）。

2 將切片洋蔥用奶油拌炒，接著注入高湯燉煮。

3 加入鮮奶油、去好雜質的鵝肝（**B**）使其稍微煮沸後，加入水煮蛋的
　蛋黃使用手持式攪拌棒攪拌。

4 再倒入鍋中，並加入步驟 **1** 切碎的松露與「Gellantor 果凍粉」使其
　煮沸（**C**）接著快速將其裝入乳膠氣球內（**D**），之後就讓其冷卻固化。

5 於玻璃杯中倒入 70℃ 的熱水，將步驟 **4** 食材放入玻璃杯中使其溫熱。

6 將松露醬汁溫熱後也倒入容器中，添附在旁邊一起搭配食用。

Gellantor 果凍粉
只要使其膠化後，
即使是溫熱狀態亦
不會溶解同樣保持
果凍狀。可充分享
受 Gellantor 帶來的
驚奇體驗。

從最新調理機、調味料的開發創造出全新的料理境界

餐廳經營者兼主廚

間 光男先生

Mitsuo Hazama

從年幼時期開始接受飲食教育，從此進入料理的世界。作為 TERAKOYA 第三代傳人，因擁有自己獨創的料理理論，作為日本代表活躍於各項國內外所召開的料理學會、飲食祭典等活動。

「TERAKOYA（テラコヤ）」

地址：東京都小金井市前原町 3-33-32
電話：042-381-1101/ 規模：72 席（座席式）
主廚獨自的創意所創作出來的料理是在傳統中融合了現代精髓，並帶來視覺上的驚艷、美感與風味，可以充分享受五感，經常讓賓客們感到驚艷與感動。

自1954 年創業以來，在仍然保有豐富自然生態的武藏野廣大腹地中，間主廚作為老舖餐廳的第三代傳人，除了每天經營餐廳以外，還經常投入新式料理的開發研究。與日本國內或海外的首席主廚合作之際也是將「不端出重覆料理」視為圭臬，時常專注於新式、獨創料理的研究。間主廚談道：「在研發新料理時都從完成型態逆向思考。為了要做出想要的料理，若是現有的機器道具無法做到的話，就必須要創造出需要的道具或調味料。」

此時，就會不辭時間與勞力，與調理機器公司、食品公司維持長時間沒有報酬的對等關係，親自著手新商品開發。「只有自己一人是無法完成好的料理，從製作調理機器、食材的人開始是由很多人一起共同創作出來的。」間主廚表示，一直都在拜訪全國各地的各項機器或食品公司，進而開發最新調理機器與調味料。

New Cooking Recipe **08**

白蘆筍與番茄螢烏賊
佐煙燻螢烏賊醬汁

經過長時間的烹煮，仍保留絕妙的嚼勁與濕潤口感的白蘆筍。雖然將蔬菜烹煮 3 小時
會認為時間過久，「不管是嚼勁口感還是柔軟度，為了充分表現出有彈力的柔軟度，
使用蒸氣烤箱進行低溫長時間的烹調方式是最合適的。」清水主廚說道。加熱後馬上
用急速冷凍櫃降溫冷卻也是很關鍵的。表面稍微乾煎過留下的煎烤痕跡與奶油香氣加
上螢烏賊的海鮮美味，是享用後仍會口齒留香的一道美味佳餚。

詳細食譜請參考 P044

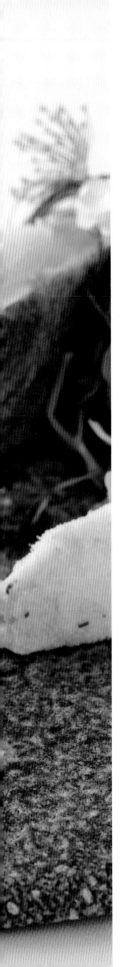

New Cooking Recipe **09**

煙燻信州大王岩魚
佐岩魚卵、醃漬陸羊栖菜
與小黃瓜

採用肉身較肥厚的大王岩魚，經過 1 分 30 秒極短時間的煙燻後，再放
到低溫 38℃ 的蒸氣烤箱烹調魚肉。這是讓魚肉的蛋白質不產生凝固的狀
態下，活化魚肉鮮甜酵素的溫度。因此，岩魚的表面煎烤到酥脆，充滿
著煙燻香氣，魚肉本身則是保有半熟的濕潤綿密口感，一口咬下可同時
享受到雙重口感。

詳細食譜請參考 P045

New Cooking Recipe **10**

嚴選石黑農場珠雞的
香煎雞胸與腿肉
佐拱佐諾拉起司蜂蜜醬

採用帶有濃厚風味、肉質軟嫩、飽含肉汁，深受大眾喜愛的高級食材珠雞，充分活用各個部位所創作出來的一道料理。清爽風味的雞胸在稍微加熱後，與內臟部位一起做成肉醬狀，並用雞肉風味較強烈的腿肉包裹起來後，再次利用絕妙的溫度蒸烤。含入口中的瞬間，濃厚且優質蛋白質的美味，與各個部位的獨特風味交疊一起，層次豐富的滋味在口中擴散開來。

詳細食譜請參考 P046

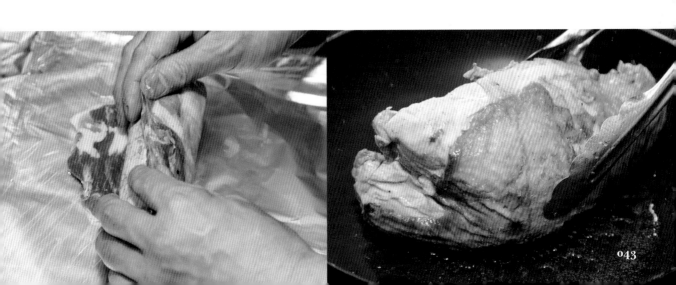

白蘆筍與番茄螢烏賊佐
煙燻螢烏賊醬汁

●蒸氣烤箱 steam convection oven　　●急速冷凍櫃

[材料]（備料）

白蘆筍…適量

螢烏賊…適量

番茄…適量

鯷魚…適量

平葉芫荽…適量

奶油…適量

鹽、胡椒…適量

香草…適量

食用花卉…適量

螢烏賊醬汁

水煮螢烏賊…1 包
櫻花樹煙燻木屑…100g
鹽…適量

1 於鍋中倒入櫻花樹煙燻木屑，
　點上爐火。

2 將螢烏賊排列在網架上，蓋上
　鍋蓋，使其煙燻 1 分半鐘。

3 在鍋中倒入煙燻好的螢烏賊，
　稍微加水後燉煮 30 分鐘。

4 用攪拌器攪拌打碎後，將醬汁
　過濾。

5 再次倒入鍋中，打開爐火，用
　鹽調味。

法式酸辣醬（Ravigote sauce）

水煮蛋…1 顆
洋蔥…20g
醋漬小黃瓜…20g
刺山柑（Caper）…10g
荷蘭芹…少許
白酒醋…15cc
橄欖油…20cc
鹽…適量

將所有食材都切成丁狀並混合，
加入調味料後攪拌均勻，再視味
道斟酌使用鹽調味。

1 將白蘆筍削皮，於鍋中加水一起烹煮。

2 將步驟 1 的湯汁與削皮後的白蘆筍、奶油一起抽真空（**A**）。設定蒸氣模式，溫度 65℃ 的蒸氣烤箱 3 小時。取出後再放入急速冷凍櫃中冷卻。

3 將步驟 2 的白蘆筍用奶油煎炒（**B**）。

4 將螢烏賊、鯷魚、番茄與平葉芫荽用初榨特級橄欖油拌炒（**C**）。

5 將煙燻製作而成的螢烏賊醬汁溫熱。

6 於器皿中擺上步驟 3 的白蘆筍與步驟 4 的拌炒食材，接著淋上步驟 5 的醬汁與法式酸辣醬，最後用香草裝飾（**D**）。

New Cooking Recipe 09

煙燻信州大王岩魚
佐岩魚卵、醃漬陸羊栖菜與小黃瓜

●蒸氣烤箱 steam convection oven　●急速冷凍櫃

[材料]（備料）

岩魚…1 條
洋蔥…適量
岩魚卵…適量
蒔蘿…適量
醃漬陸羊栖菜…適量
醃漬小黃瓜…適量
鮮奶油…適量
鹽…適量
細砂糖…適量
荷蘭芹油…適量（荷蘭芹 1：油 3 攪拌混合）
奶油…適量
初榨特級橄欖油…適量
櫻花樹煙燻木屑…約50 g

1 將岩魚切成 3 片，將岩魚重量 1.5％比例的鹽與細砂糖適量灑在魚肉上醃製一晚（**A**）。再用櫻花樹煙燻木屑將魚肉煙燻 1 分 30 秒。

2 將岩魚的尾巴及腹部部分與洋蔥一同使用奶油拌炒，再加入適量鮮奶油，並用攪拌機（Robot-Coupe）將食材攪拌打碎。接著加入香草，並用急速冷凍櫃冷卻，製作法式熟肉醬（Rillettes）。

3 將岩魚做成真空包裝，放入設定好蒸氣模式、溫度 38℃ 的蒸氣烤箱中烘烤 15 分鐘，取出後再放入急速冷凍櫃冷卻。

4 將岩魚魚皮那面用初榨特級橄欖油煎至黃金酥脆後（**B**），再切塊擺盤，接著佐上法式熟肉醬風味的岩魚卵，搭配醃漬的陸羊栖菜與小黃瓜，最後淋上荷蘭芹油（**C**）。

A
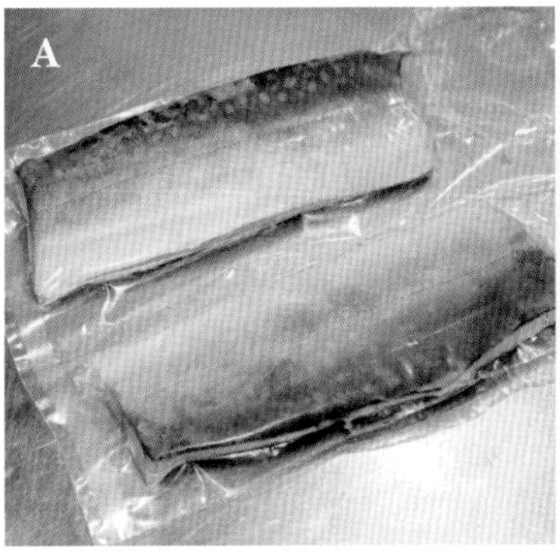

B
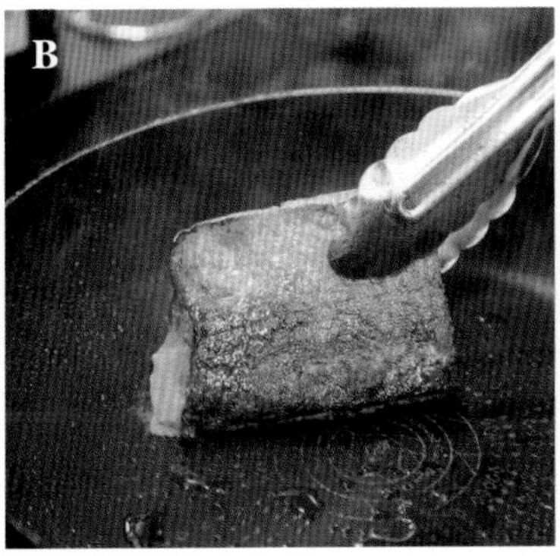

C
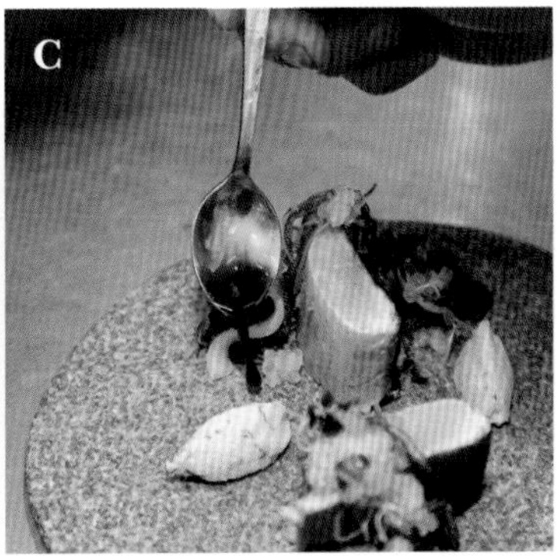

嚴選石黑農場珠雞的
香煎雞胸與腿肉
佐拱佐諾拉起司蜂蜜醬

●蒸氣烤箱 steam convection oven　　●急速冷凍櫃

[材料]（備料）

石黑農場的珠雞…1 隻

洋蔥…適量

雞蛋…適量

鹽…適量

乾燥的羽衣甘藍葉…適量

羽衣甘藍粉…適量

食用花卉…適量

拱佐諾拉起司蜂蜜醬

拱佐諾拉起司…50 g
鮮奶油…200 g
蜂蜜…10 g

1 將珠雞的雞胸肉抹鹽，烘烤雞肉表皮，放入設定為烤焗模式 65℃、中心溫度 55℃的蒸氣烤箱。

2 將雞胸肉切成碎肉狀，加入用初榨特級橄欖油拌炒過的洋蔥丁、雞蛋與內臟，再放入雞肉重量 1.2％比例的鹽均勻攪拌，接著用鋁箔紙塑形成圓棒狀，放入設定為蒸氣模式、溫度 72℃、中心溫度 67℃的蒸氣烤箱。蒸烤完成後馬上放入急速冷凍櫃冷卻。

3 在冷卻後的步驟 **2** 食材上捲上雞腿肉塊（**A**）並用竹籤戳刺腿肉的幾個位置（**B**），再用鋁箔紙包成圓筒狀並抽真空塑形。接著放入設定蒸氣模式、溫度 72℃，雞腿肉塊插上芯溫計並設定為 67℃的蒸氣烤箱（**C**），蒸烤完成後馬上放入急速冷凍櫃內降溫冷卻。

4 烤雞胸肉與雞腿肉捲的表面用初榨特級橄欖油油煎後切塊（**D**），擺上盤子內，最後淋上拱佐諾拉起司蜂蜜醬。

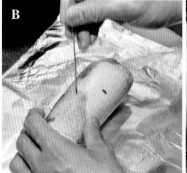

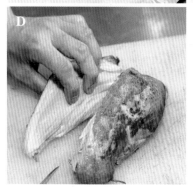

C'EST BIEN

利用蒸氣烤箱徹底執行精確的溫度管理，追求符合食材的纖細口感。

餐廳經營者兼主廚

清水崇充先生

Takamitsu Shimizu

於三笠會館修業後，與同樣身為廚師的父親創立開設現在位於南長崎的餐廳。隨著與當地居民的關係日趨緊密，身為第二代傳人，以纖細的擺盤方式與善用食材的法式料理美食家著稱，獲得極高的評價。

「restaurant c'est bien（セビアン）」

地址：東京都豐島區南長崎 5-16-8
　　　平和ビル 1 階
電話：03-3950-3792/ 規模：31 席
開店創業 38 年，店面外觀雖不起眼，但只要品嚐到其經典西式料理或法式創意餐點，別說是當地居民或來自各地的饕客，連名店餐廳的主廚也給予相當高的評價。

這是一家提供經典西式料理與法式創意料理的餐廳。在廚房烹調這些種類豐富的餐點僅有清水主廚父子兩人。很有節奏地妥善安排 31 席位的客戶需求，將纖細的料理不疾不徐地陸續端上桌。善用食材的特性，利用精準掌控蒸氣烤箱的溫度設定，連食材的準備作業也事先完成，提供最佳狀態的料理。因此在後院或料理廚房裡，蒸氣烤箱、急速冷凍櫃、低溫烹調機於營業時間以外也都是全天候作業中。

而這樣的清水主廚計畫將於今年秋天在日本東京都內開立一間以創意料理為主的新餐廳。店內座位為 20 席，預定只提供套餐的新餐廳。包括餐廳理念、內部裝潢設計、料理的方向性等等雖然還有很多事需要思考確認，但對於新廚房內選擇引進最新款調理機是無庸置疑的。料理業界人士都給予熱切的期望與關注。

New Cooking Recipe **11**

低壓真空烹調馬鈴薯之 春芽萌生

乍看下像是一道使用新馬鈴薯來製作，擺盤優美的油炸馬鈴薯料理，但大口咬下馬鈴薯的瞬間，鮮美的肉汁與蔬菜的甘甜與香氣一下子在口中擴散開來。「自從開始使用低壓真空烹調機後，幾乎變成不會再丟棄食材」，如同杉岡主廚所述，由蔬菜表皮、帶筋的肉塊所萃取出來的食材美味，經長時間的慢火烹調讓原始鮮味回到馬鈴薯並牢牢地鎖在其中。

詳細食譜請參考 P054

New Cooking Recipe **12**

鰆魚與春野菜的
協奏曲

外觀看似很簡單的一道料理，但於飽含脂肪的鰆魚魚肉
上附著烤過的魚骨香氣，魚骨的鮮甜精華亦封入魚肉中，
魚肉內部宛如昆布醃漬過那般濕潤、具有深度的美味。
既不破壞食材本身的原始風味亦不浪費食材，可以清楚
感受到杉岡主廚想要傳達的信念。最後，再用柴火豪爽
地炙燒魚皮表面，創作出口感與香氣再更添風味的一道
料理。

詳細食譜請參考 P055

New Cooking Recipe **13**

天然鰻魚藁燒
佐紅酒醬汁

「看到超過 1kg 大的天然鰻魚（澳洲產）時，就很想
嘗試看看製作融合日式和風與義大利風的料理，想像用
紅酒燉煮的感覺便創作出此道菜餚。」杉岡主廚說。在
渾厚的鰻魚肉身加上來自鰻魚骨的鮮美湯液與紅酒的
香醇風味，再搭配上藁燒的薰香使得食欲大增。利用蒸
氣烤箱加熱讓鰻魚多餘油脂滴落下來，使用蒸氣模式蒸
烤出鬆軟口感，再仔細塗滿紅酒醬汁。周邊則添附主廚
親自摘下的豆瓣菜與膨鬆的山椒粉，十足感受到春天氣
息的一道料理。

詳細食譜請參考 P056

低壓真空烹調馬鈴薯之
春芽萌生

●低壓真空烹調機

[材料]（備料）

馬鈴薯…2.5kg

玉米粉…適量

炸油…適量

cream cheese…適量

橄欖粉…適量

a ｛ 馬鈴薯的皮…2.5kg 份

水…1.5ℓ

番茄…400g

魚醬（garum）…300g

牛筋…350g

洋蔥…300g

荷蘭芹…6 根

鹽…適量

三溫糖…適量

檸檬皮…1/2 顆份

新鮮月桂葉…4 片

黑胡椒粒…10 粒

1 將馬鈴薯削皮。

2 將材料 a 放入鍋中加熱，待煮沸後轉小火燉煮 1
小時。

3 將削皮的馬鈴薯抽真空（**A**），用熱水隔水加熱 1
小時。

4 將步驟 **2** 與步驟 **3** 的馬鈴薯放入缽中，接著放入
設定為 35℃ 的低壓真空烹調機內加熱 10 分鐘（**B**）
後洩壓，此步驟須重複 4 次。

5 將步驟 **4** 食材放入冰箱靜置冷藏 1 天。

6 將步驟 **5** 的馬鈴薯取出切成兩半（**C**），灑上玉米
粉再靜置 3 小時後（**D**），用 180℃ 的油再油炸
（**E**）。

7 於盤子上依序擺上 cream cheese、馬鈴薯、橄欖
粉，最後再裝飾新芽。

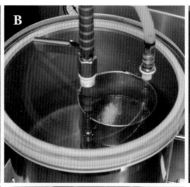

鰆魚與春野菜的協奏曲

●低壓真空烹調機 Gastrovac　　●低溫慢煮機

[材料]（備料）

鰆魚…1 條
荷蘭豆…適量
食用花卉…適量
a ⎰ 水…1.5ℓ
　⎱ 鹽…150g
　⎰ 三溫糖…75g
　⎱ 魚骨…450g
　　 海藻糖…75 g

1 切下鰆魚魚肉，將魚骨灑上鹽用 150℃ 烤箱烤 30 分鐘（**A**）。

2 於鍋中加入材料 a 與步驟 **1** 材料讓其煮沸（**B**）後再冷卻。

3 於缽中放入鰆魚與步驟 **2** 食材，再放入設定為 30℃ 的低壓真空烹調機加熱 10 分鐘（**C**）後再洩壓，此步驟須重複 4 次。

4 取出鰆魚後抽真空，接著放入設定為 43℃ 的低溫慢煮機加熱 45 分鐘（**D**）。

5 將步驟 **4** 鰆魚的表皮面用柴火燒烤（**E**）。

6 將步驟 **5** 烤好的鰆魚切塊，與春野菜一同盛上器皿（**F**）並擺盤裝飾。

天然鰻魚藁燒 佐紅酒醬汁

●低壓真空烹調機 Gastrovac ●蒸氣烤箱 steam convection oven

[材料]（備料）

鰻魚（天然）…1 條
鹽…適量
野生豆瓣菜…適量
山椒粉…適量
a 　紅酒…300cc
　　鰻魚骨…400g
　　義大利香醋…50cc
　　水…300cc
　　新鮮月桂葉…6 片
　　三溫糖…30g
　　海藻糖…60g
　　魚醬（garum）…適量
　　鹽…適量

1 切開鰻魚取下鰻魚魚肉，用熱水清洗去除黏液（**A**）。

2 將鰻魚骨用溫度 150℃ 烘烤（**B**）。

3 於鍋中放入材料 a，並加入步驟 **2** 鰻魚骨進行醬汁熬煮。

4 於缽盆中放入鰻魚與 10 倍稀釋的步驟 **3** 醬汁，再將缽盆放入設定為 25 ～ 30℃ 的低壓真空烹調機加熱 30 分鐘後洩壓，此步驟須重複操作 4 次。

5 將步驟 **4** 的鰻魚串上竹籤，其表面用乾稻草進行日式傳統藁燒（**C**）。

6 將步驟 **5** 的鰻魚再放入設定為蒸氣模式、溫度 170℃ 的蒸氣烤箱加熱 30 分鐘。

7 將步驟 **6** 的鰻魚塗上步驟 **3** 的醬汁（**D**）後，放入設定為熱風模式、溫度 150℃ 的蒸氣烤箱加熱 5 分鐘（**D**）。取出後放置 2 ～ 3 分鐘，水分乾掉後再塗上步驟 **3** 的醬汁（**E**），再加熱 5 分鐘。如此步驟須重複操作 3 次。

8 最後於盤子擺上步驟 **7** 的鰻魚、豆瓣菜、山椒粉（**F**）。

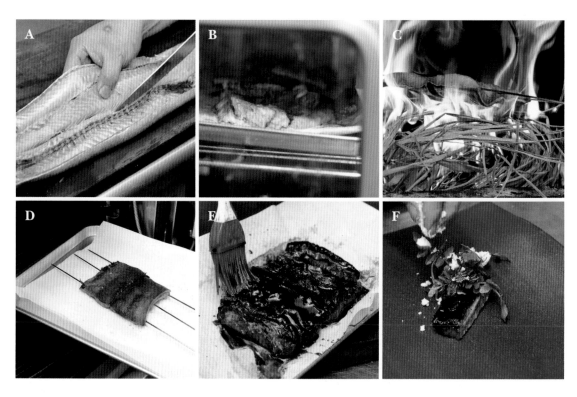

獨自一人可以擔當料理16道菜的套餐
歸功於使用最新料理機進行食材準備

餐廳經營者兼主廚

杉岡憲敏先生

Noritoshi Sugioka

曾經在日本東京都內多家知名義大利餐廳修業學習，於 2016 年開設義式高級餐廳「PRESENTE Sugi」。餐廳採用最新型機器與技術，提供以當地食材為主的義式料理。

「PRESENTE Sugi」

地址：千葉縣佐倉市白銀 2-3-6
電話：043-371-1069/ 規模：24 席
希望盡可能做到地產地銷，因此到處尋找可提供海產、山產、溪產食材的地方，最後在 2 年前於千葉開店。精緻的創意料理搭配超乎想像的低價，除了當地居民以外甚至連居住在東京都內的人也時常遠道而來光顧的高人氣餐廳。

餐廳採用完全預約制，開始進行套餐提供的流程都是經過每分每秒準確計算的。連使用真空機、低壓真空烹調機、蒸氣烤箱做過前置準備的食材，也須將低溫慢煮機 2 台以及蒸氣烤箱同時全天候作業，讓每道料理得以陸續完成上菜。

「對於要做到獨自一人完成自己想要創作的料理，以低壓真空烹調機為首的各式新型料理機器是最佳搭檔。」杉岡憲敏主廚說道。以前修業的餐廳都是採用以模擬作法為主的料理方法，因此料理機器的使用或是配方的考察幾乎都是自學的。

採訪當天的套餐內容，從前菜到最後的餐後甜點都是以當地食材來製作的 16 道料理。於本書所介紹的料理也是，從外觀看來似乎很簡單，然而使用低壓真空烹調機，讓口感能更上一層樓，展現在舌尖感受到的濕潤感與味道的深度。現在杉岡主廚為了追求更新的料理與美味，計畫再引進新的調理機器。

New Cooking Recipe **14**

義大利皮埃蒙特區傳統菜餚 Vitello tonnato 2018

這是一道義大利皮埃蒙特區廣為人知的鄉土料理，料理中使用知名的鮪魚醬。將 5 ～ 6kg 的小牛腿肉切開，直接裝袋抽真空。為了不讓小牛肉鮮美肉質被破壞，採用蒸氣烤箱用真空低溫調理方式慢火烹調處理。烹煮好的小牛肉，既不會流失應有的美味，還可以保有濕潤的口感，切成薄片後的小牛肉，靜置一段時間後會變化成讓人胃口大增的美麗粉色。

詳細食譜請參考 P064

New Cooking Recipe **15**

義大利阿爾巴小鎮的
兩種麵包 Pane come

這是從義大利修習的餐廳繼承，現在仍持續培養使用的
天然酵母。使用此酵母製作出其他店家無法模仿的義大
利風味麵包，在 Cucina Shige 餐廳現在仍每天烘焙提供
著。為了讓天然酵母的特性發揮到極致，都會視季節或
天氣隨時變換發酵場所。利用蒸氣烤箱一邊增加濕度一
邊烘烤麵包，使得麵包的外層酥脆，裡頭則是飽滿綿密
軟 Q。吃過的客人時常都會要求外帶回家，是餐廳的人
氣商品。

詳細食譜請參考 P065

New Cooking Recipe **16**

番茄肉醬寬扁麵
佐自製 non-meta-pork
（低脂肪豬肉）煙燻火腿

這是使用沒有多餘油脂，帶有清爽口感的 non-meta-pork 所自製的煙燻火腿。用蒸氣烤箱設定蒸氣模式溫度 62℃ 慢火加熱，烹調出濕潤軟嫩、飽含肉汁的火腿肉。搭配在 Hirata Pasta 餐廳學到的番茄肉醬，燉煮肉醬與煙燻火腿，可以享受到各自肉品中所帶有的美味，並互相呼應著。

詳細食譜請參考 P066

義大利皮埃蒙特區傳統菜餚
Vitello tonnato 2018

● 蒸氣烤箱 steam convection oven

[材料]（備料）

法國小牛的腿肉…5 ～ 6kg

大蒜…適量

迷迭香…適量

橄欖油…適量

香草蔬菜…蝦夷蔥、莧菜、
香草紫蘇、水果番茄等

鮪魚醬

（備料）

水煮蛋（僅蛋黃）…1 顆
鮪魚罐頭…100g
索夫利特醬（Sofrito）※…35g
芥末醬…20g
刺山柑（Caper）（醋漬）…50g
檸檬汁…1/2 顆
鹽漬鯷魚…1 片
橄欖油…20g
蛤蜊湯汁…10g
※ 索夫利特醬（Sofrito）…洋蔥、紅蘿蔔、西
洋芹用橄欖油拌炒製作而成。

1 將法國小牛腿肉做真空包裝。放入設定為溫度 60℃ 蒸氣模式的蒸氣
烤箱內低溫烹調 4 小時 30 分鐘（**A**）。

2 取出後將肉放置冷卻。

3 將鮪魚醬的製作材料放入攪拌機內攪碎，製作醬汁。

4 於平底鍋上放入橄欖油、大蒜、迷迭香，再將步驟 **2** 的小牛腿肉放
置於上方，把表面煎烤上色（**B**）。

5 將步驟 **4** 小牛腿肉切成薄片（**C**）後裝盤，並淋上步驟 **3** 醬汁，最
後再用香草點綴裝飾。

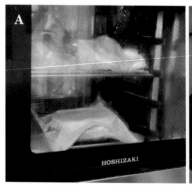

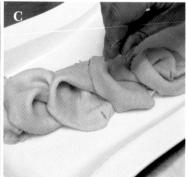

義大利阿爾巴小鎮的
兩種麵包 Pane come

●蒸氣烤箱 steam convection oven

[材料] （備料）

白麵包

日本製粉金帆船高筋麵粉…1kg
鹽…20g
水…550g
天然酵母…350g

全麥麵包

日本製粉金帆船高筋麵粉…600g
全麥粉…400g
鹽…20g
水…550g
天然酵母…350g

1 將材料 **1** 或 **2**（**A**）放入麵粉攪拌機中，攪拌 20 分鐘。

2 攪拌完成取出後，使其靜置發酵 6 小時（**B**）。

3 將麵團切成四等份（**C**）後，再使其靜置 2、3 小時二次發酵（**D**）。

4 最後放入設定濕度 60％、溫度 210℃ 的蒸氣烤箱中烘烤 16 分鐘（**E**）。

酵母活性 Refresh

（備料）

日本製粉金帆船高筋麵粉…600g
水…350g

番茄肉醬寬扁麵 佐自製 non-meta-pork（低脂肪豬肉）煙燻火腿

●蒸氣烤箱 steam convection oven

[材料]（備料）

豬里肌肉…1 條
迷迭香…適量
番茄寬扁麵（自製）
…適量

番茄肉醬

牛絞肉…2kg（需攪碎兩次）
豬絞肉…1kg（需攪碎兩次）
蔥…1kg
整顆番茄罐頭…1 罐（業務用）
紅酒…3 ℓ
月桂葉、大蒜…適量
鹽、胡椒…適量
初榨特級橄欖油…適量

1 將豬里肌肉一條切分成 4、5 等份，將其醃漬浸泡在鹽水（Salamoia）（份量外）中 3 天（**A**）。

2 將肉的水份擦乾後加入迷迭香並做真空包裝。

3 放入設定為蒸氣模式、溫度 62℃ 的蒸氣烤箱加熱 60 ～ 90 分鐘（**B**）。

4 加熱完成後從袋子將肉塊取出，進行煙燻（**C**）。

5 將用番茄製作的寬扁麵用熱水烹煮，並製作番茄肉醬（**D**），最後將步驟 **4** 煙燻火腿切片（**E**）放上寬扁麵上。

蒸氣烤箱是一些頂級餐廳
最強力的好幫手

餐廳經營者兼主廚

石川重幸先生

Shigeyuki Ishikawa

長年就職於麻布十番歷史悠久的義大利餐廳，CUCINA HIRATA 磨練學習廚藝，之後遠赴義大利，以托斯卡尼為中心的飯店或餐廳學習正統義式料理。歸國後於 VINO HIRATA 餐廳擔任主廚，2010 年於西大島也孕育開設同名餐廳「Cucina Shige」。

「Cucina Shige」

地址：東京都江東區大島 2-41-16 ポパイビル
電話：03-3681-9495/ 規模：18 席
2010 年 5 月開幕。於餐廳可以品嚐到正統托斯卡尼料理，深受當地居民喜愛，連義大利政府也公認的人氣餐廳。晚餐提供大量使用當季的義大利食材的主廚套餐 7000 日幣起，是店內的人氣料理。

石川主廚談到，在日本餐廳還尚未受到特別愛戴的蒸氣烤箱，在正統義大利的餐廳幾乎是每家店廚房的必備烹調機器。可以一邊準備食材作業，一邊營運餐廳的蒸氣烤箱是一些頂級餐廳最強力的好幫手。不僅可以提升工作效率，依據肉的部位不同改變烹調溫度，進而追求講究特色風味與美味，只有蒸氣烤箱才辦得到。

然而石川主廚提到，正因為在日本是未使用蒸氣烤箱狀態下學習廚藝的，所以比起義大利人更了解此調理機器的優點，更能夠淋漓盡致地使用它。因廚藝技術與人品被信賴，某段時期飯店廚房幾乎是石川主廚獨自一人擔當處理的，從這樣的趣聞可以了解石川主廚被當地居民的高度信賴與受人景仰的存在。當同名餐廳在西大島開幕之際，義大利修業時期的夥伴們都急忙趕到，彼此間存在著願意短期來餐廳支援的交情，這也說明了石川先生所做料理的正統性。

New Cooking Recipe **17**

低溫烘烤 Espresso 醃漬 Chianina 牛肩肉 佐鹽漬檸檬醬

義大利知名牛肉代表——毛色白色體型巨大的「Chianina（奎寧牛）」。脂肪含量少、富含蛋白質的肉質是肌理細膩、柔軟細嫩的，由於越咀嚼越能感受到肉質的甘甜，口感具有層次醇香濃厚，因此而聞名。二瓶主廚說。本料理挑選其中珍貴的牛肩部位，雖然是其他牛肉品種容易敬而遠之的部位，但這可以表現出 Chianina 牛肉的絕品美味。首先使用 Espresso 用的新鮮咖啡豆醃漬，再依據肉的狀態與顧客的厚度喜好來設定中心溫度。烹調完成時雖然外表看起來黑黑的，切開後裡面肉色十分瑰美，是火侯恰到好處的完美色調。切一塊品嚐看看的話，淡淡清爽的咖啡香氣與肉汁的甘甜與鮮美在口中擴散開來。

詳細食譜請參照 P074

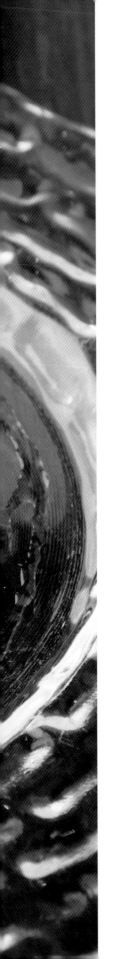

New Cooking Recipe 18

清蒸胡椒鯛
佐薩丁尼亞豌豆醬汁
與烤時蔬

是採用當天入荷的新鮮鯛魚料理，利用只有蒸氣烤箱才具備的烹調效率超群的優點來製作的一道菜餚。善用 2 個圓盤做出蒸烤的狀態，並在另一層架烘烤時蔬。烘烤加熱時間與濕度的設定會隨著魚的種類或厚度不同而調整。最後擺上數種香草並淋上橄欖油，可使身體放鬆，香氣豐富的香草風味與鯛魚的鮮味會勾起滿腹食慾。

詳細食譜請參照 P075

New Cooking Recipe **19**

米蘭燉飯
Risotto alla Milanese

二瓶主廚談到，需片刻不離地守在鍋旁、費時費力的燉飯，利用只有日本人才有的構思，做出高效率的食譜。就像用土鍋炊米飯一樣，將整個鍋子放進蒸氣烤箱中炊煮，煮出來的燉飯帶有軟黏又彈牙的口感，正是日本人最喜歡的口感。

詳細食譜請參照 P076

低溫烘烤 Espresso 醃漬 Chianina 牛肩肉 佐鹽漬檸檬醬

●蒸氣烤箱 steam convection oven

[材料]（備料）

Chianina（奎寧牛）牛肉…100g

咖啡豆（Espresso 用）…30g

鹽…適量

胡椒…適量

橄欖油…適量

鹽漬檸檬醬

（1 人份）

檸檬…適量

洋蔥…適量

鹽…適量

1 將檸檬切成適當大小。

2 將步驟 **1** 的檸檬片與鹽放入密閉容器中，在遮光狀態下常溫放置約 1 週（每天需將容器均勻搖晃 1 次）。

3 於鍋中放入橄欖油、洋蔥一起拌炒，再加入鹽漬檸檬一起燉煮。

4 將燉煮好的步驟 **3** 食材放入攪拌機內攪碎成醬。

1 將咖啡豆磨成 Espresso 用的粗細。

2 把 Chianina（奎寧牛）牛肉放入步驟 **1**、鹽、橄欖油一起醃漬浸泡一個晚上（**A**）。

3 於熱鍋好的平底鍋將步驟 **2** 醃漬牛肉整塊油煎（**B**）。

4 接著馬上放入冰箱冷藏。

5 再放入設定好中心溫度 43℃、濕度 60%、爐內溫度 100℃ 的蒸氣烤箱加熱（**C**）。

6 將加熱好的步驟 **5** 牛肉塊切成適當大小（**D**），盛上盤子，佐上蔬菜與鹽漬檸檬醬（**E**）。

清蒸胡椒鯛
佐薩丁尼亞豌豆醬汁
與烤時蔬

● 蒸氣烤箱 steam convection oven

[材料]（1人份）

花尾胡椒鯛…適量

西洋芹葉片、迷迭香、鼠尾草等…適量

櫛瓜…適量

甜椒…適量

茄子…適量

小茴香…適量

薩丁尼亞島出產的豌豆醬汁

（備料）

水煮豌豆…適量
鹽…適量
橄欖油…適量

水煮豌豆與其他材料混合攪拌並放入攪拌機內
均勻攪碎成泥。

1 圓盤上鋪上香草、西洋芹葉片，淋上白酒與橄欖油後將魚放置於上方，灑上鹽、胡椒，接著再淋上橄欖油。最後再使用相同尺寸的圓盤覆蓋上去（**A**）。

2 將蔬菜切成適當大小。

3 使用其他的圓盤將步驟 **2** 的蔬菜擺上，灑上鹽巴，淋上橄欖油（**B**）。

4 將蒸氣烤箱設定為濕度 60 %、溫度 160℃，將步驟 **1** 與步驟 **3** 材料放入蒸氣烤箱中（**C**）烘烤加熱 6 分鐘（**D**）。

5 於器皿中盛上蒸魚與烤蔬菜，旁邊佐上豌豆醬汁（**E**）。

米蘭燉飯 Risotto alla Milanese

●蒸氣烤箱 steam convection oven

[材料]（1 人份）

義大利米…100g

洋蔥…1/4 顆

白酒…適量

高湯…適量

番紅花粉…適量

帕瑪森起司…適量

奶油…適量

鹽…適量

胡椒…適量

初榨特級橄欖油…適量

1 將洋蔥切丁。

2 於鍋中倒入橄欖油，加入義大利米與洋蔥拌炒，待炒至透明感後灑些白酒（**A**）、倒入高湯（**B**）、加入番紅花與鹽巴攪拌後，蓋上鍋蓋放入設定為烤焗模式、溫度180℃的蒸氣烤箱加熱 10 分鐘（**C**）。

3 將步驟 **2** 加熱完成的食材再加入帕瑪森起司與奶油攪拌（**D**）。

4 於盤子盛上步驟 **3** 的燉飯，再灑上帕瑪森起司與胡椒，並淋上幾圈橄欖油。

目標是在有限的廚房中
提升作業效率

主廚
二瓶亮太先生
Ryota Nihei

以義大利佛羅倫斯為中心，四年間從都市到郊區，在各式各樣的餐廳學習托斯卡尼料理的真髓。擔任過日本橫濱 Via Toscanella 餐廳的主廚，於 2 年前才在現在的餐廳擔任主廚。

「Osteria il Leone」

地址：東京都新宿區新宿 2-1-7
電話：03-6380-0505/規模：30 席
佇立在新宿御苑旁的獨棟餐廳。提供傳統的托斯卡尼料理與豪爽的佛羅倫斯風味碳烤丁骨牛排等餐點，可品嚐到使用義大利當季食材的人氣餐廳。

本店的招牌餐點為碳烤丁骨牛排，費時費工的餐點一多的話，利用蒸氣烤箱製作餐點，就能同時兼顧美味的品質和廚房作業效率。本回二瓶主廚所介紹的這道餐點，均可滿足此兩大重點。二瓶主廚談到，在想像自己想要創作的料理時，蒸氣烤箱經常處於運作狀態，為了在機器運作中能順利營業，順利製作更美味的料理，就必須發揮創造力發想新的食譜。的確，若是無法做出比傳統食譜更美味的料理，那使用蒸氣烤箱就沒有意義了。使用蒸氣烤箱，製作只能憑感覺來完成的料理，或必須時常確認狀態的料理時，只要做好設定，就能準確地烹調完成。在正統義大利很多都是使用德國 Rational 公司製造的蒸氣烤箱，二瓶主廚也是使用相同機器。「此台蒸氣烤箱不會有偏差，也不會產生錯誤，果然還是需要選擇容易上手使用的機台。」主廚訴說著它的魅力所在。

New Cooking Recipe **20**

韃靼牛肉與
馬鈴薯舒芙蕾

這是將歐洲時下最流行的現代版「馬鈴薯舒芙蕾」與韃
靼牛肉搭配結合的一道菜。準備上較費功夫的舒芙蕾利
用蒸氣烤箱得以讓製作手續簡化。將黏糊狀的馬鈴薯輕
薄地延展抹開,放入蒸氣烤箱烘乾後再對摺成兩半,讓
兩邊緊密結合是關鍵。油炸後就會澎起漂亮的弧度,產
生酥脆的口感,再搭配「西班牙番茄辣醬」一同享用。

詳細食譜請參考 P082

New Cooking Recipe **21**

西班牙番茄冷湯
佐酥皮派

西班牙‧安達魯西亞地區的地方知名料理「西班牙番茄冷湯 salmorejo」是風味濃厚的番茄冷湯。餐廳採用酸味較高的高知縣番茄來製作，搭配食用的「酥皮派」則是將派皮麵團對摺後用製菓打氣筒將空氣打入中間部位，再用蒸氣烤箱烤至澎鬆。將酥皮派橫切後，佐在冷湯旁邊，再用番茄粉末裝飾。濃稠的冷湯搭配酥脆口感的酥皮派，是絕佳組合。

詳細食譜請參考 P084

韃靼牛肉與馬鈴薯舒芙蕾

●蒸氣烤箱 steam convection oven

[材料]（備料）

韃靼牛肉

和牛板腱肉…適量

初榨特級橄欖油…少許

a ⎰ 美乃滋…適量
⎱ 大蒜（切碎）…適量
⎰ 荷蘭芹（切碎）…適量
⎱ 紅蔥頭（切碎）…適量
⎰ 刺山柑（Caper）（切碎）…適量
⎱ 綠橄欖（切碎）…適量
⎰ TABASCO 辣椒醬…適量
⎱ 檸檬汁…少許
⎰ 鹽、胡椒、初榨特級橄欖油…各適量

1 將牛肉輕輕地灑上橄欖油，放入專用袋內用 54℃ 的熱水加熱 4 分鐘。

2 將步驟 **1** 維持袋裝的狀態下用冰水冷卻後，取出牛肉切成骰子塊狀。

3 加入材料 a 混合攪拌。

※ **西班牙番茄辣醬 Bravas**

（約 10 杯份）

朝天椒（切片）…少許
大蒜（切碎）…2 片份
初榨特級橄欖油…適量
生火腿油脂…30g
洋蔥（切薄片）…3 顆份
青椒（細切）…10 顆
白蘭地…50㎖
番茄（罐）…2.5kg
生火腿骨…20cm 左右
鹽、胡椒…適量
TABASCO 辣椒醬…適量

1 於鍋中倒入橄欖油與生火腿油脂，再將朝天椒與大蒜加入拌炒，接著加入洋蔥與青椒持續拌炒。

2 倒入白蘭地，持續加熱使酒精揮發，放入整顆番茄（去籽）與生火腿骨燉煮約 30 分鐘。

3 拿掉火腿骨頭，將其餘的部份用攪拌機攪碎並過濾，再用鹽、胡椒、TABASCO 辣椒醬調味。

馬鈴薯舒芙蕾

馬鈴薯（品種：五月皇后 MayQueen）…適量

煮馬鈴薯的湯汁…適量
※ 依馬鈴薯 7：煮馬鈴薯的湯汁 3 的比例

炸油…適量
鹽…適量

1 馬鈴薯去皮切成適當大小，放入已加入少量鹽的熱水中烹煮。

2 將煮好的 **1** 與 30% 的水煮湯汁一同放入容器中，使用手持式電動攪拌機打至柔滑的泥狀（**A**）。

3 趁熱倒在矽膠墊烤盤（silpat）上延展抹開（**B**），放入設定為烤焗模式、溫度 70℃ 的蒸氣烤箱中加熱 3 小時使其乾燥（**C**）。

4 將步驟 **3** 正反兩面噴濕稍微泡脹後（**D**），用布巾去除水分後對摺，蓋上布巾用擀麵棍在上面滾動，讓馬鈴薯片緊緊密合（**E**）。

5 切成 9cm × 2cm 的長方形，用 200℃ 的油高溫油炸（**F**），最後灑鹽。

擺盤

用長方形的中空烤盤裝上韃靼牛肉將其塑造成長方形，旁邊佐上馬鈴薯舒芙蕾 2 根，中間加上西班牙番茄辣醬 ※。

西班牙番茄冷湯佐酥皮派

● 蒸氣烤箱 steam convection oven

[材料]（備料）

西班牙番茄冷湯

長棍麵包…約 5cm

水…少許

a ⎰ 番茄…2kg
⎱ 大蒜…1 片
　 洋蔥…1/2 顆
　 青椒…2 顆
　 粒芥末醬…少許
　 初榨特級橄欖油…200g
⎱ 櫻桃紅酒醋…少許

鹽、胡椒…各適量

酥皮派

派皮的麵團

中筋麵粉…600g

冷水…310g

鹽…15g

無鹽奶油…500g

蛋黃…適量

手粉（麵粉）…適量

1 將長棍麵包從前一天開始浸泡在水中，使其泡脹備用。

2 將步驟 **1** 與材料 a 用攪拌機攪碎，加入鹽、胡椒調味。

3 放於冰箱內冰鎮一晚。

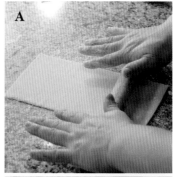

1 製作派皮的麵團。將中筋麵粉加入鹽與水揉捏，用保鮮膜包裹起來放入冰箱冷藏 1 小時使其發酵。

2 將回復常溫的奶油擀成厚度約 1cm 的正方形。

3 將步驟 **1** 麵團擀成比奶油還要大的正方形，將奶油包裹在麵團裡面，用擀麵棍將其拉長後再摺疊，再次放入冰箱使其發酵。此步驟須重複四次。

4 於工作檯上灑上手粉（麵粉），將步驟 **3** 麵團擀成 25cm × 20cm 的長方形（**A**）。

5 將麵團對摺，插入製糖使用的打氣筒，四周用刮刀將麵團壓緊（**B**），中間灌入空氣使其膨脹（**C**）。

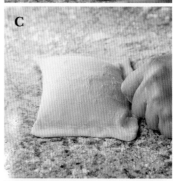

6 接著放上鋪好烤焙紙的麵包烤盤內，用刷子塗上蛋黃液，再放入設定為烤焗模式、溫度 230℃、風力全開的蒸氣烤箱加熱 6 分鐘（**D**），之後再將溫度調降至 170℃ 加熱 10 ～ 15 分鐘。

7 待冷卻後於 4cm 寬的大小再切開（**E**）。

擺盤

將冰鎮過的西班牙番茄冷湯盛入玻璃碗中，再滴入少許的初榨特級橄欖油。用高溫烤箱重新加熱過的派皮灑上番茄粉，並用鯷魚切片、蒜泥蛋黃醬（aioli sauce）、微型莧菜、細葉香芹裝飾。

利用只有蒸氣烤箱才有的使用方式創造出想要呈現的風味或口感

餐廳經營者兼主廚

本多誠一先生

Seiichi Honda

1998 年赴法，於法國與瑞士修業後，在西班牙，聖塞巴斯提安的「Casa Urola」餐廳工作四年，擔任主廚。2006 年回到日本後進入日本料理餐廳「龍吟」，接著在「Sant Pau」擔任副主廚，2011年於麻布十番開設餐廳「ZURRIOLA」。於 2015年 5 月餐廳移設銀座。

「ZURRIOLA」

地址：東京都中央區銀座 6-8-7
交詢ビル 4 階
電話：03-3289-5331/ 規模：31 席
活用九年來在歐洲修業的經驗，將與西班牙共通的日式食材或要素也融合在一起，創造出現代西班牙料理。午間套餐為 5940 日幣起，晚間套餐為 14580日幣起（皆已含稅）。

像是重視食材的特性等等，本多主廚一邊找尋西班牙料理與日式料理的共通點，一邊將傳統料理加上獨創性，提供現代西班牙料理。他曾經修業的餐廳之一，西班牙巴斯克地區的地方料理就使用了很多魚類，為了引出肉質濕潤飽滿的鮮魚風味，在處理魚類料理時都是採用蒸氣烤箱的 combi 模式（蒸氣模式＋烤焗模式）。其他像是肉類料理、麵包或西點、招牌料理——義大利餃、到本次所介紹的搭配料理，平時很多料理都是使用蒸氣烤箱來烹調。

本多主廚說道：「蒸氣烤箱最棒的優點是溫度管控的準確性。瓦斯烤爐在餐廳營業期間會頻繁地開關烤爐的門，這樣一來便容易使爐內溫度下降，蒸氣烤箱的話就沒有這種問題，烹調出來的料理都是品質穩定的，可以放心地交給它處理。」

本店採用 Fujimak 公司的蒸氣烤箱，使用時亦可因應料理調整風量調節機能。本多主廚又說：「表面想要快速地烤好的話就把風量調到最大，使其快速加熱。像是蛋白霜烤餅這種容易被風吹走的東西則將風量設定為 1/2，用微風烘烤。在相同溫度下想要慢慢烘烤時則將風量關閉即可。利用只有蒸氣烤箱才有的使用方式便能創造出想要呈現的風味與口感。」

New Cooking Recipe **22**

田園風法式肉醬

不只是機器絞肉，再加上手切碎肉，添加咀嚼的口感，
享受多重風味的一道肉料理。追求品嚐肉醬時舌尖上的
觸感，徹底管控豬肉溫度需在13℃以下做烹調作業。善
用餘熱的加熱方式，為了保存而急速冷卻的時機點，加
熱完成後不馬上從蒸氣烤箱中取出，而是打開爐門一段
時間後再移置到急速冷凍櫃，讓我們見識到這些講究的
烹調手法。

詳細食譜請參閱 P092

New Cooking Recipe **23**

熟肉抹醬

關於肉的比例，瘦肉與肥肉為 6：4，或是 7：3。豬肉
與鴨肉則為 5：1。注意瘦肉與肥肉比例的話，五花肉
以外的邊肉也能被使用，對於減少食物浪費是最合適的
一道料理。峯主廚提及：「肉的份量並沒有特別秤重。
依據使用肉品的狀態或看外觀的感覺，增加點瘦肉部分
等等，來調整肥瘦的平衡感。」另外，豬肉無法呈現的
口感或油脂融化的感覺，藉由鴨肉的幫助達到上等的風
味與口感。

食譜請參閱 P093

New Cooking Recipe **24**

甜椒風味的
岩中豚熟肉醬

峯主廚說：「要做成滑順的乳狀質地，溫度管控是最重要的」。乳化是從 10℃ 左右開始作用，為了避免攪拌時因機器摩擦讓溫度上升過多，每個調理器具都須冷卻過，讓我們看見他的用心與講究。作為風味顏色、辛香畫龍點睛的重點，加入甜椒粉，並添加巴斯克地區的紅辣椒粉——Piment d'Espelette 辣椒粉，完成與眾不同的風味料理。

食譜請參閱 P094

田園風法式肉醬

●蒸氣烤箱 steam convection oven　　●急速冷凍櫃

[材料]（肉醬烤模 2 盒份）

豬肉（五花肉、腿肉、
　　　肩胛肉、頰肉等）…2kg

a
- 鹽…50g
- 法式香料（Quatre Epices）…5g
- 波特酒…50㎖
- 白蘭地…50㎖

雞白肝…900g

牛奶…適量

烤洋蔥 ※1…1 顆

大蒜…1 片

雞蛋…2 顆

鹽漬背脂 ※2…適量

月桂葉…8 片

※1…將洋蔥做成真空包裝並加熱，接著從袋中取出，放入設定為濕度 30%、溫度 140℃的蒸氣烤箱約加熱 2 小時，使其水份揮發。

※2…將背脂與鹽及百里香、月桂葉一起醃漬浸泡約一週，之後再切成薄片狀。

1　將豬肉切成適當大小，加入材料 a（醃漬用的調味料），將豬肉整個均勻攪拌。須注意不可因為作業讓豬肉溫度上升超過 10℃。再做真空包裝放置於冰箱醃漬浸泡一晚（**A** 右）。

2　將雞白肝清洗乾淨，倒入牛奶剛好蓋過雞白肝的高度，放入冰箱冷藏醃漬浸泡一晚（**A** 左）。

3　浸漬過的豬肉部分用手工切細塊，部分用攪拌機攪碎後兩者再混合攪拌。攪碎豬肉的過程若是溫度上升的話，再用急速冷凍庫冷卻。

4　將切成薄片的洋蔥（**B**）、磨成泥的大蒜、雞蛋、除去水份的雞肝全部一起放入食物處理器（food processer），攪拌均勻至柔滑的泥（**C**）。

5　將步驟 **3** 豬肉用攪拌器絞碎至黏稠狀。黏稠感出來後將步驟 **2** 雞白肝加入（**D**），再次混合攪拌。請注意不要讓肉的溫度上升超過 13℃。

6　於肉醬烤模先鋪上鹽漬背脂，將步驟 **5** 分別挖取約棒球大小的量數個，將其摔扔進肉醬烤模中，慢慢填滿烤模。一個肉醬烤模約 1600 ～ 1700g 左右。

7　裝滿後利用背脂切片當成蓋子慢慢覆上蓋起來（**E**），接著放上月桂葉，再用鋁箔紙緊緊蓋上，作為肉醬烤模的外蓋。

8　將步驟 **7** 放入設定為蒸氣模式、溫度 80℃的蒸氣烤箱加熱 60 分鐘（**F**）。之後將機器調整成濕度 0%、溫度 100℃後加熱 20 分鐘。加熱完成後，將爐門開啟，肉醬烤模則繼續放置於蒸氣烤箱內。

9　爐內溫度降至 60℃的話，則將肉醬烤模放入急速冷凍櫃中急速冷卻。冷卻完成後則做成真空包裝保存。

10　將肉醬從烤模中取出並切塊，接著裝盤。灑上胡椒，佐上法式油封洋蔥、泡菜。

熟肉抹醬

● 蒸氣烤箱 steam convection oven　●急速冷凍櫃

[材料]（肉醬烤模 2 盒份）

豬五花肉（塊狀）…適量

豬瘦肉…適量

鴨腿肉…2 根

鹽…肉重量的 1.5％

白胡椒…適量

豬油…適量

水…適量

白酒…適量

調味蔬菜（紅蘿蔔、洋蔥、西洋芹、月桂葉、大蒜）※1…適量

適量西式香草束（百里香、迷迭香、月桂葉）…適量

※1…加入西洋芹的根，或是沒有西洋芹的話則多加一些洋蔥，可隨機應變調整。

1　將豬五花肉、豬瘦肉、鴨腿肉灑上鹽、胡椒並真空包裝後放置冰箱冷藏浸漬一晚。

2　於平底鍋用豬油熱鍋，將醃漬的肉塊全部下去油煎到恰當程度（**A**）。

3　放置到瀝油架上，待油瀝乾後再移到鍋中，加入水與白酒倒至將材料淹蓋過去的程度，開火加熱。待煮沸後，將浮在水面的泡渣過濾去除。加入調味蔬菜、西式香草束，放上紙蓋以鍋中蓋的方式蓋上，調成小火燉煮 2 小時（**B**）。

4　從步驟 3 將肉塊取出後，把肉從骨頭上拆卸下來。去除鴨的骨頭或皮，但暫不丟棄當作備用。

5　將剩餘的燉煮湯汁與蔬菜的鍋子裡放入鴨皮與鴨骨（**C**），燉煮至剩餘八分滿時用濾網過濾。將過濾取出的湯汁再熬煮至剩下一半後，放置常溫冷卻備用。

6　於攪拌機中放入步驟 4 的肉，用攪拌機均勻攪碎後再移到料理缽，接著將步驟 4 的燉煮湯汁分成 3 ～ 4 次慢慢加入（**D**），每次加入均須用木杓反覆攪拌至乳化為止。

7　在鋪好烤焙紙的方形烤盤上將步驟 6 倒入鋪平，蓋上保鮮膜後用**擀麵棍**擀平展延（**E**），接著用保鮮膜密封起來放入急速冷凍櫃急速冷卻（**F**）。待凝固後做成真空包裝保存。

8　盛上器皿，佐上長棍麵包。

甜椒風味的岩中豚熟肉醬

●真空調理機　●蒸氣烤箱 steam convection oven　●急速冷凍櫃

※岩中豚是指岩手縣產的知名品牌豬肉。

材料（容易製作的份量）

絞肉用豬肉（五花肉、腿肉、
　　肩胛肉等）…800g

豬瘦肉…160g

豚背脂…80g

鹽…肉重量比例 1.8%

冰（從製冰機切削下來的冰）…60g

a ⎰ 甜椒粉…16g
　⎱ 法國 Piment d'Espelette
　⎰ 辣椒粉…3g
　⎱ 白胡椒…適量

1 將豬肉都灑上鹽巴後真空包裝起來，浸漬一個晚上。

2 浸漬好的豬肉用攪拌機攪碎成肉泥。將豬瘦肉與豬背脂使用直徑 3～4mm 細小口徑的攪拌棒來做細絞肉，其他則是使用直徑 10mm 較粗口徑來做粗絞肉。

3 將冰塊放入食物處理器（food processer）中打碎，再放入冷凍備用。

4 於步驟 **3** 使用的食物處理器中放入步驟 **2** 的豬瘦肉絞肉攪拌，待肉色轉成美麗粉色時再將步驟 **3** 的碎冰分成三次慢慢加入（**A**）。每次加入後都須確實攪拌使其乳化。

5 待確實乳化完成後，再加入材料 a 混合攪拌，接著將步驟 **2** 的背脂絞肉分成三次倒入（**B**）並混合攪拌至滑順為止。然後移到料理缽中，放入急速冷凍櫃冷卻備用。

6 於攪拌器內倒入步驟 **2** 的粗絞肉攪拌，接著倒入步驟 **5**（**C**），攪拌至全部融合一起。之後做成真空包裝，去除空氣（**D**）。

7 將沾水過的人工腸衣與從袋中取出的步驟 **5** 絞肉一起裝設在灌腸機上，進行灌腸（**E**）。腸衣的前端用棉線綁緊後，依容易保存的長度扭轉分段，最後再用棉線綁緊。照片上是使用直徑 3.8cm 的腸衣。

8 將步驟 **7** 放入蒸氣烤箱設定蒸氣模式、溫度 80℃ 加熱 20 分鐘。加熱完成後再放入急速冷凍櫃中急速冷卻（**F**），最後做成真空包裝保存。

9 切片後盛於器皿上，再用泡菜裝飾。

想要凝縮肉脂的鮮美
是需要仰賴徹底實施溫度管控

餐廳經營者兼主廚

峯 義博先生

Yoshihiro Mine

因為對食材與烹調方式充滿濃厚好奇心，導入最新烹調技術或烹調器具，時常研發新式料理的峯主廚。肉類食材以塊狀做好事前備料，配合各項料理分別使用，讓食材不浪費淋漓盡致地使用完畢。

「西班牙料理ミネバル（MINEBARU）」

地址：東京都涉谷區神泉町 13-13
　　　ヒルズ涉谷 B1F
電話：03-3496-0609/ 規模：28 席
2014 年作為涉谷隱居餐廳的人氣餐廳，提供融合傳統與現在的西班牙料理，使得餐廳的預約絡繹不絕。

店內時常備有十多種的肉製品（charcuterie）作為餐廳的招牌料理的「ミネバル MINEBARU」。製作上費時又費工的肉製品（charcuterie），作為保存食材具有很大的優點。「獨自一人準備料理時，只要將事前備料確實做好，當餐廳開始營業時就能馬上端出料理。」因講究探求料理的態度，創作出多種肉醬、火腿、香腸、熟肉醬等多元化的豐富料理。峯主廚在製作這些料理之際，可以

看見對溫度徹底管控的講究。肉品的加工烹調特別是事前準備、加熱、保存等，各自都在最合適的溫度下，才得以將肉脂的凝縮感、鮮美與風味保持在最佳狀態。其中特別重要的是加熱後的溫度管理。依據溫度管理狀況才能做到「保有更衛生、美味的狀態」，因此對於烹調器具的導入是不遺餘力的。像是真空包裝機、蒸氣烤箱、急速冷凍櫃等，這些講究的器具造就峯主廚的美味料理。

New Cooking Recipe **25**

鹽烤寶石石斑魚
佐香蒜醬與白蘆筍

真空包裝的寶石石斑魚，在事前準備階段僅需用低溫的
熱水加熱 10 分鐘即可。此時魚肉的熟成度設定在七成
左右。在最後烹調時於魚皮面煎出燒烤痕跡，瞬間放入
烤箱幾秒再取出，增添微妙的餘熱作用，目標取得需求
的火候狀態。白蘆筍則是沾附著生火腿的鹽氣與香味，
呈現出溫和柔軟與絕妙的口感。將這兩項最佳狀態的食
材與使用巴斯克地區具代表性的鹽漬鱈魚乾製作而成
的醬汁大量地融合在一起。

詳細食譜請參考 P102

New Cooking Recipe **26**

輕煙燻的
岩中豚五花肉
佐醬燒花枝蘑菇

耗費時間精心烹調的厚實五花肉塊，帶有圓潤溫和、不膩嘴的清爽口感，可品嚐到純粹肉脂的鮮美之外，輕微煙燻的香氣亦在口中擴散開來。搭配五花肉塊的則是想以單品菜餚也能吃得到、帶有豐富美味的醬燒花枝蘑菇。西班牙椒 Pimiento 所帶有的獨特風味與口感讓口味較強烈的食材完美地結合在一起。

詳細食譜請參考 P103

New Cooking Recipe **27**

珠雞雞胸
佐高麗菜泥與
Arbarracin 羊乳起司

具有層次風味、肉質柔軟而聞名的珠雞,利用真空低溫
烹調將食物中心溫度設定為 57℃,才得以完全引出鮮嫩
多汁的雞肉美味。高麗菜則是用微妙的火候燉煮,製作
成可以感受到甘甜與香氣如奶油般滑順的醬汁,讓珠雞
的鮮美更能襯托出來。

詳細食譜請參考 P104

鹽烤寶石石斑魚
佐香蒜醬與白蘆筍

●真空調理機

[材料]（備料）

鹽烤寶石石斑魚

寶石石斑魚的去骨魚片…1 片（100g）

鹽…適量

初榨特級橄欖油…適量

將寶石石斑魚去骨切下魚肉片，將魚皮部位劃
一刀，魚肉部位灑上鹽巴，跟少許的初榨特級
橄欖油一起做成真空包裝備用（**A**）。

香蒜醬

寶石石斑魚的魚骨部分…1 條份
生火腿的端邊…適量
馬介休（葡萄牙的鹽漬鱈魚乾）…80g
蒜油 ※…適宜
卵磷脂…適宜
玉米糖膠（黏稠劑）…適宜
※ 將初榨特級橄欖油與去皮的大蒜切片放入玻璃瓶中，
用 50℃ 的熱水間接加熱 3、4 個小時即可做出蒜油。

1 將寶石石斑魚的魚骨部位跟輕輕清洗過的鹽漬鱈魚乾、
  生火腿的端邊部位一起放入鍋中，注入水量約淹蓋過食
  材即可，接著使其煮沸。

2 煮沸後取出魚骨部位，用小火再持續燉煮 1 小時後將湯
  汁過濾（**B**）。

3 過濾出來的湯汁裡再加入約湯汁 10% 量的蒜油。

4 接著倒入步驟 **3** 液體 4% 比例的卵磷脂以及 1.5% 比例
  的玉米糖膠，最後用手持式攪拌機攪拌均勻（必要時可
  用鹽巴調味）。

最後烹調

1 將寶石石斑魚整包用 45℃ 的熱水間接加熱
  10 分鐘。

2 在平底鍋上倒入初榨特級橄欖油（份量外）熱鍋後，將步
  驟 **1** 的魚皮面油煎（**D**）。

3 將整個平底鍋放入高溫的烤箱數十秒後取出，使其靜置。

4 將香蒜醬用熱水間接加熱。

5 把蘆筍從真空袋中取出，並用烤箱加熱。

6 於器皿上盛上蘆筍與香蒜醬（**E**），最後上方再擺上寶石石斑魚。

白蘆筍

白蘆筍…●●

生火腿的端邊…少量

初榨特級橄欖油…少量

1 將白蘆筍削皮，與少量的生火
  腿端邊以及初榨特級橄欖油一
  起抽真空包裝。

2 用 63℃ 的熱水間接加熱 50 分
  鐘後，再用冰水冷卻。

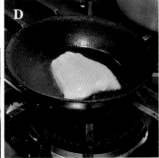

輕煙燻的岩中豚五花肉
佐醬燒花枝蘑菇

●真空調理機

[材料]（備料）

岩中豚五花肉

岩中豚五花肉…2kg

鹽…20g（豬肉重量的 1%）

櫻花樹的煙燻木屑…適量

1 將豬五花肉上灑上鹽巴，放置於冰箱冷藏 2
   天使其熟成。

2 做真空包裝，用 58℃ 的熱水間接加熱 24
   分鐘。加熱完成取出後整袋再放入冰水中
   冷卻（**A**）。

3 待完全冷卻後，使用煙燻木屑約煙燻 1 小
   時（稍微帶有煙燻香氣的程度）（**B**）。

4 切成適當大小保存。

醬燒花枝蘑菇

棕色蘑菇…約 100g

槍烏賊…約 500g

初榨特級橄欖油…約 20g

雪莉酒…約 40g

Choricero 辣椒醬（西班牙的紅辣椒醬）
…約 10g

Pimenton Ahumado 辣椒粉
（西班牙的煙燻紅辣椒粉）…少許

小荳蔻粉…少許

少量磨碎的檸檬皮…少許

鹽…適量

水…適宜

1 將蘑菇切丁，花枝去除內臟與嘴巴後也切丁。

2 於鍋中放入初榨特級橄欖油熱鍋，將步驟 **1** 的
   蘑菇放入拌炒至變軟，接著將步驟 **1** 的花枝放
   入再持續拌炒（**C**）。

3 將 Choricero 辣椒醬與雪莉酒倒入一起混合攪
   拌（**D**）。

4 接著加水淹蓋過食材，待煮沸後將雜質去除，
   轉成小火再燉煮 20 分鐘。

5 最後用 Pimenton Ahumado 辣椒粉、小荳蔻粉、
   檸檬皮調整風味，再用鹽巴調整鹹度。

最後烹調

1 將豬五花肉切成適當大小，用平底鍋將表面稍微油煎
   上色並加熱（**E**）。

2 將花枝蘑菇辣椒醬用小鍋加熱。

3 於器皿中先盛上花枝蘑菇辣椒醬，接著再擺上豬五花
   肉片（**F**）。

珠雞雞胸佐高麗菜泥與 Arbarracin 羊乳起司

●真空調理機

[材料]（備料）

珠雞雞胸肉

珠雞雞胸肉塊…1 片（約 150g）

5％的鹽水…適量

初榨特級橄欖油…少許

1 珠雞的雞胸肉塊上若還有殘留雞毛者則須先拔除，並去除雞里肌肉的筋後放入鹽水浸泡 45 分鐘備用（**A**）。

2 將步驟 **1** 的水份去除擦乾後，表面全部抹上少量的初榨特級橄欖油並一起做真空包裝。

3 放入設定湯鍋溫度 63℃、食物中心溫度 57℃ 的真空調理機加熱 25 分鐘。

4 接著用冰水將整個真空袋冷卻（**B**）。

高麗菜泥

高麗菜…1 顆

初榨特級橄欖油…適量

鹽…適宜

水…適宜

1 高麗菜去除菜心後，將其他的部分切成大塊。

2 鍋中倒入初榨特級橄欖油約蓋過鍋底面積的量後熱鍋，放入步驟 **1** 的高麗菜切塊（**C**）攪拌。

3 待高麗菜全部都沾上橄欖油後，倒水（約倒至淹過高麗菜一半高度）加熱，待稍微變熱後轉成小火，蓋上鍋蓋，約持續燉煮 25 分鐘使高麗菜變軟。（還殘留少許的新鮮高麗菜的香氣）（**D**）。

4 用鹽巴調味，接著用攪拌機攪拌至柔滑泥為止。

最後烹調

Arbarracin 羊乳起司（西班牙的硬質羊乳起司）

鹽（馬爾頓）

1 將珠雞整袋放入 45℃ 熱水中隔水加熱，恢復食材熱度。

2 從真空袋中取出後，卸下雞里肌肉部位，放入已用橄欖油（份量外）熱鍋的平底鍋上油煎雞皮表面使其上色（**E**）。

3 待雞皮面上色後，將卸除下來的雞里肌肉部分兩面也快速地油煎過（雞肉兩側則是盛盤時利用餘溫稍微加熱即可）。

4 將高麗菜泥用小鍋加熱後，盛於器皿上，上頭再擺放珠雞胸肉（**F**）。

5 最後全部灑上 Arbarracin 羊乳起司，再輕輕灑上少量的馬爾頓海鹽。

因應不同的料理絕妙地變換火侯，
溫度設定就是西班牙料理的關鍵

餐廳經營者兼主廚

深田 裕先生

Yutaka Fukada

曾在西班牙美食之都，聖賽巴斯提安 San Sebastián
磨練廚藝，回到日本後在東京都內經營數家西班
牙料理的餐廳，2016 年開設此餐廳，料理的品味
與呈現方式是其他西班牙料理餐廳前所未見的，
獲得高度評價。

「Sardexka」

地址：東京都台東區下谷 1-6-7
竹內マンション 1F
電話：03-6231-6328/ 規模：13 席
因為可以品嘗到正宗西班牙料理所以餐廳
的常客很多，是必須預約的餐廳。晚餐雖
然是以單點為主，但是很推薦大量使用當
季嚴選食材的主廚套餐 5500 日幣起。

深田主廚談到，在狹小的空間中，獨自一人料理食材，為了在有限的條件下提供最好的料理，就必須提升餐廳營業時間中的效率。因此，做好食材事前準備是很重要的，真空低溫調理就是一項不可欠缺的料理技術。一邊想著現在日本當季的食材若是在西班牙的話會是呈現什麼料理來構想新菜單。烹調手法乍看下似乎很簡單，但活用食材風味的溫度設定與下功夫的地方，每一項都可窺見其品味與

格調。這是將料理端上桌後，看著眼前的這盤餐點，即可一目瞭然了。

餐廳的料理是以西班牙‧巴斯克地方料理為主，紅酒則是囊括整個西班牙地區產地。對食材的徹底講究，卻毫不吝嗇提供具有份量的餐點與高 CP 值價格，讓餐廳開幕不到兩年就獲得極高評價，是一間前所未有的新式西班牙餐廳，不論餐飲業界內外開始廣為人知，成為饕客絡繹不絕的人氣餐廳。

New Cooking Recipe **28**

昆布牛肉

這是採用瘦肉與油脂均勻分布的牛三角肉，用北海道昆布包裹起來進行真空烹煮的一道菜餚。將包裹烹調完成後的昆布再用柚子醋燉煮成柚子風味昆布，添佐在牛肉上。柚子醋與牛肉、昆布都是很好搭配的調味料，更提升在口中擴散開來的新鮮肉脂美味。牛肉的加熱烹調方式是使用蒸氣烤箱中的蒸氣模式，牛三角肉或肩胛板腱肉藉由低溫烹調方式，呈現出言語無法形容的美味口感。

詳細食譜請參考 P112

New Cooking Recipe **29**

鮑魚與新馬鈴薯的醍醐煮

這是新馬鈴薯正值美味時期所提供的一道燉菜。將新鮮鮑魚用大量奶油拌炒後，加入高湯與新馬鈴薯，並放入蒸氣烤箱中使用 Hot-air 模式加熱 2 個半小時。主廚談到，薯類或南瓜使用 comi 模式加熱的話外型容易煮垮掉，所以要使用蒸氣烤箱做燉菜料理時，要選擇適合耐得住長時間加熱的 Hot-air 模式。藉由奶油的添加，呈現出優雅的溫潤風味。

詳細食譜請參考 P113

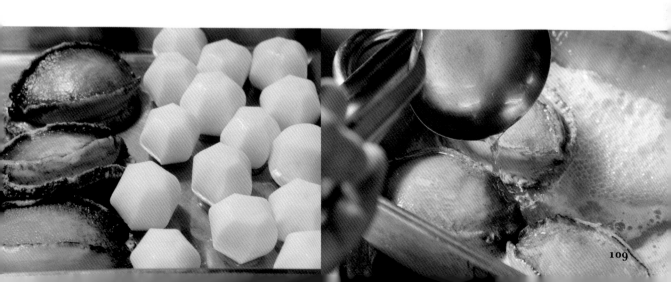

New Cooking Recipe **30**

低溫燒烤鹽麴豬里肌肉

這是使用特殊技術可顯示烹調溫度的新款平底鍋 Temp Pan（Vita Craft 製造）烹調的料理。將鹽分 5% 的鹽麴與肉一起真空包裝使其融合後，用平底鍋低溫加熱 2 小時。想要做出濕潤柔嫩的豬肉口感，重點在於烹調溫度需掌控在 75℃ ～ 80℃ 之間。加熱完成後再用噴槍炙燒表面可增添燒烤香氣，再搭配帶有培根香氣的半熟蛋一起享用。

詳細食譜請參考 P114

昆布牛肉

●蒸氣烤箱 steam convection oven

[材料]（20 人份）

牛三角肉塊…50g

昆布…50g

酒…50㎖

a ｛ 水…1.1ℓ

砂糖…70g

濃口醬油…150㎖

柚子醋…220㎖

醋橘醋…45㎖

木之芽（山椒嫩葉）…適量

1 將昆布用酒充分浸泡後，夾著牛三角肉塊，放入抽真空機 45 秒做真空包裝（**A**）。

2 接著放入設定為蒸氣模式、溫度 58℃ 的蒸氣烤箱加熱 90 分鐘（**B**）。加熱完成取出，放入冰水中消除餘熱。

3 放入冰箱靜置冷藏 8 ～ 10 小時。

4 從真空袋中取出被昆布包裹著的牛肉塊，把肉塊從昆布上取下（**C**）。

5 將昆布放入材料 a 中燉煮，須燉煮至湯汁收乾成為柚子風味的昆布（**D**）。

6 肉塊則放於室溫下 2 小時後切片，再將切成適當大小的柚子風味昆布與木之芽盛盤裝飾。

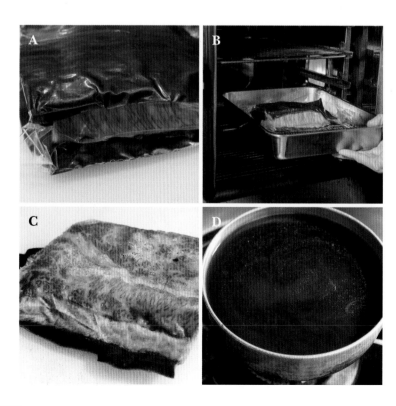

鮑魚與新馬鈴薯的醍醐煮

蒸氣烤箱 steam convection oven

[材料]（12 人份）

鮑魚…3 顆

新馬鈴薯…18 顆

奶油…100g

a ｛ 高湯…1.3 ℓ

淡口醬油…1 大匙

味醂…90㎖

水鹽…90㎖

八方汁（什錦汁）…適量

小松菜…適量

柚子皮絲與蘘荷…適量

1 將鮑魚清洗乾淨，從殼上將鮑魚取下並切除肝臟部位，馬鈴薯則削成六角形狀（**A**）。

2 將鮑魚放置在烤盤上，用奶油輕炒（**B**）。接著倒入材料 a 待沸騰後，再將馬鈴薯倒入，並再次煮到沸騰（**C**）。

3 將烤盤覆上蓋子，放入設定為 Hot-air 模式、溫度 130℃ 的蒸氣烤箱加熱 2 個半小時（**D**）。加熱完成後將整個烤盤放入冰水中冷卻（**E**）。

4 把要出餐的部分（1 人份為鮑魚 1 個、馬鈴薯 2 顆）放入鍋中煮沸。將鮑魚切成 1/4，再用八方汁稍微烹煮過的小松菜一起盛入碗裡，最後再擺上柚子皮絲與蘘荷。

低溫燒烤鹽麴豬里肌肉

●蒸氣烤箱 steam convection oven　● Vita Craft Temp Pan

[材料]（1 人份）

豬里肌肉…150g（1 片）

鹽…適量

a ⎰ 鹽麴（鹽分 5％）…400g
 ⎱ 酒…200g
   味醂…50㎖
   砂糖…15g

培根風味的半熟蛋（蛋黃）※…1 顆

※ 將炒過的培根與八方汁一起燉煮，過濾後
的湯汁當成醃漬基底與生雞蛋一起放入冷凍→
解凍後浸泡在湯汁的雞蛋。

紅蘿蔔葉…1 片

1 將豬里肌肉輕灑上鹽巴，並與材料 a 加在一起（**A**），並與材料 a 一同真空包裝靜置 3 小時（**B**）。

2 將 Vita Craft Temp Pan 加熱至溫度 75℃（**C**）。從真空袋中取出里肌肉並將表面鹽麴去除後放上 Temp Pan，讓鍋子溫度維持在 75℃ ～ 80℃ 將里肌肉的正面加熱 1 小時，背面也加熱 1 小時（**D**）。

3 從 Temp Pan 取出里肌肉後，再用噴槍炙燒表面使其上色（**E**）。切成適當大小後與半熟蛋、紅蘿蔔葉一起擺盤。

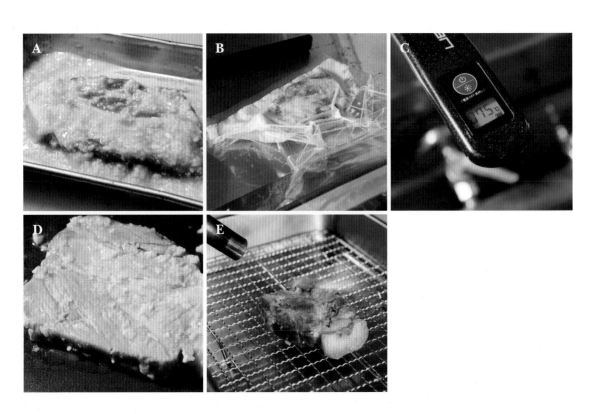

一邊以科學方式為依據，一邊以獨創角度挑戰新的烹調方式

餐廳經營者兼主廚

滿田健兒先生
Kenji Mitsuda

於辻調理師專門學校畢業後，先後待在 2 星的日式料理餐廳與大阪一流飯店內的高級料亭裡磨練廚藝，接著在 1998 年「とよなか桜会（TOYONAKA SAKURAE）」餐廳開業。取得 SSI 認證的唎酒師證書、ANSA 認證的伺酒師資格，對於飲食教育亦十分熱心，擔任各種協會的理事與高中烹飪課程的顧問。

「懷石料理とよなか桜会（TOYONAKA SAKURAE）」

地址：大阪府豐中市櫻の町 7-10-7
　　　豐中オスカービル 2F
電話：06-6845-3987/規模：20 席
由知名建築師親自設計的店內裝潢是以吧檯座位與座敷座位所構成。午餐與晚餐都是提供 2 種套餐與單品料理，午餐價格為 4104 日幣起，晚餐價格則是 7020 日幣起（含稅），亦可與主廚嚴選的酒類一起搭配享用。

作為獲得米其林星的懷石料理餐廳，從創業到現在歷經 20 年之久獲得各界好評，連海外也有很多饕客特地前來品嚐的「とよなか桜会（TOYONAKA SAKURAE）」。滿田主廚不僅擔任料理教室的講師，還會依據科學方式對既有的烹調方式加上獨創的觀點，每天持續不斷地研究新的烹調方式。

除了本回所介紹的三道料理之外，主廚還教我們其他新的烹調方式，例如對抽真空的半片魚肉或整塊魚肉的魚皮部位淋上熱水，不讓魚肉本身接觸到水，還是鮮活的狀態下所做出的生魚片。或是透過隔水加熱油鍋，讓油封住鱧魚美味的清燙鱧魚，或是為了提高密封性於盛滿油的容器內烹煮蔬菜等的油

調理方式。對於用鹽水煮出漂亮顏色的明蝦剝殼後，與煙燻過的油一起做真空烹調的料理也深感興趣。若是用這種方法，煙燻製品特有的茶色就不會附著在明蝦上，蝦肉本身也不會乾扁，就可做出顏色漂亮並帶有煙燻風味的明蝦料理。

滿田主廚說：「儘管餐廳全體的工作人員一起共有所有餐點，全部都是相同水準下進行料理工作的，但蒸氣烤箱仍然受到重用。在店裡，即使溫度 2～3℃ 上下變動也不會讓風味產生太大影響的料理，都是使用蒸氣烤箱。抱持著追求探討的態度，持續致力發現新式調理機器或烹調方式，朝向成為一個優秀的料理人來邁進。」

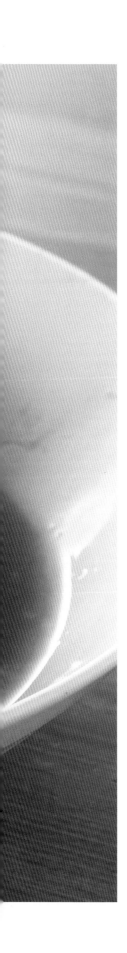

New Cooking Recipe **31**

日式豬五花角煮

日式豬五花角煮若是用鍋子燉煮的話就會佔用瓦斯爐很長時間，若使用壓力鍋雖然可以短時間內烹調完成，但很容易將肉塊煮垮，導致賣相不佳。因此便利用蒸氣烤箱來烹調。取代先將整個肉塊事前加熱的手續，將肉塊塗滿豆渣再用蒸氣烤箱蒸煮，這樣既不會讓肉塊煮垮，豆渣也可以吸收多餘的油脂，口感變得清爽且味道更好。之後，再與滷汁一起用蒸氣烤箱加熱烹煮即可完成，最後淋上與角煮十分搭配的馬鈴薯醬汁即可開始享用。

詳細食譜請參考 P122

New Cooking Recipe **32**

日式滷章魚

這是使用活章魚的一道燉煮料理。章魚或花枝只要烹煮
時間一久就會變硬且乾扁，若是用蒸氣烤箱約蒸煮 30 分
鐘的話，不僅可以保留鮮味，還不會讓肉質變硬。活章
魚在事前處理作業上用大量鹽巴搓揉去除黏液時，需特
別注意不要傷害到章魚皮膜，這是很重要的。另外，用
布把章魚包裹起來使用擀麵棍輕輕敲打，這樣可以讓章
魚較快煮熟。加熱完成後，讓章魚浸泡在湯汁裡慢慢冷
卻的話，可讓湯汁風味滲透至章魚內部，成為極上的美
味佳餚。

詳細食譜請參考 P123

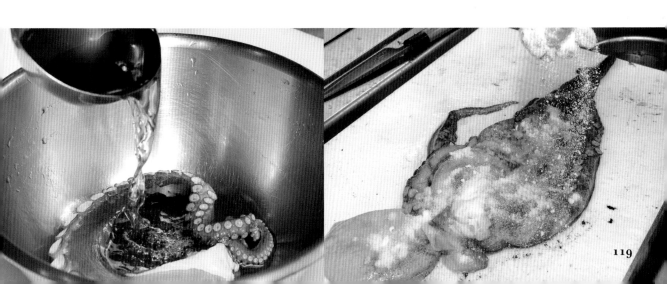

New Cooking Recipe **33**

烏賊飯

這是一道適合配酒的下酒菜，風味十足的烏賊飯。為了不讓烏賊口感變硬，將蒸氣烤箱設定在溫度 80℃ 左右的蒸氣模式下蒸煮 30 分鐘。雖然是要在烏賊身體內裝入混合切成小塊烏賊腳的糯米飯，但需事先將糯米用蒸氣烤箱蒸煮過，這樣才能讓糯米飯與烏賊身體一起煮熟。烏賊的軟硬適中與糯米的黏稠 Q 彈，這兩種對比的口感，正是此道菜餚的魅力所在。

詳細食譜請參考 P124

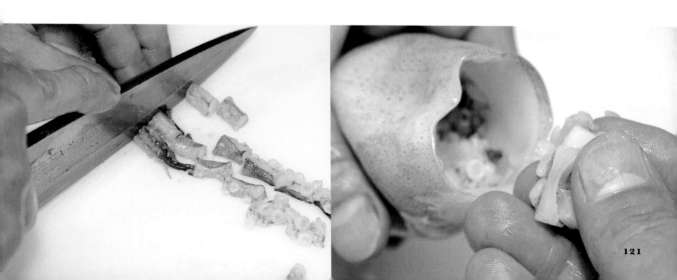

日式豬五花角煮

● 蒸氣烤箱 steam convection oven

[材料]（備料）

豬五花肉（肉塊）…1kg
豆渣…500g
a ｛ 水…720㎖
　　 酒…180㎖
　　 醬油…180㎖
　　 味醂…180㎖
　　 粗砂糖…100g
　　 生薑的皮…適量
馬鈴薯醬汁 ※…適量
秋葵 ※…1 根

1　於帶孔烤盤裡鋪上烘焙紙，將豆渣鋪放上去，再擺上豬五花肉，將整個肉塊沾滿豆渣（**A**）。

2　封上保鮮膜，放入設定好蒸氣模式、溫度 99℃ 的蒸氣烤箱加熱 2 小時以上（**B**）。

3　加熱完成後將豆渣去除，把五花肉切成 3～4cm 的方塊大小後放入料理缽中，再加入事先調合好的材料 a（**C**）。

4　封上保鮮膜，再放入設定好蒸氣模式、溫度 99℃ 的蒸氣烤箱加熱約 2 小時（**D**）。

5　最後將五花肉塊與滷汁一起盛於器皿中，再淋上馬鈴薯醬汁並以秋葵點綴。

※ 馬鈴薯醬汁
（容易準備的量）
馬鈴薯…大顆 1 顆
奶油…10g
柴魚高湯…適量
鹽、黑胡椒…各少許

1 將馬鈴薯蒸熟後壓碎成泥狀。
2 加入奶油與柴魚高湯稀釋，再以鹽與黑胡椒最終調味。

※ 秋葵
用熱水燙過後浸泡到日式高湯基底（柴魚高湯、酒、鹽、淡口醬油）裡備用。

日式滷章魚

●蒸氣烤箱 steam convection oven

[材料]（備料）

活章魚…1.5kg

粗鹽…適量

a ⎰ 水…1080㎖

⎱ 酒…180㎖

⎱ 醬油…180㎖

⎱ 味醂…180㎖

⎱ 砂糖…50g

芽蔥…適量

1 將章魚的內臟等部位去除後灑上大量的鹽巴並搓揉，將粘液去除乾淨（**A**）。去除完全後過水將表面鹽巴清洗乾淨，放入 60℃ 熱水燙過再放入冰水裡降溫冷卻。

2 將步驟 **1** 章魚用布包裹起來，用**擀麵棍**輕敲章魚，使其變柔軟。

3 將章魚腳一根一根切下放入料理缽中，再加入材料 a（**B**）。

4 封上保鮮膜，放入設定好蒸氣模式、溫度 80℃ 的蒸氣烤箱加熱約 30 分鐘（**C**）。

5 放置冷卻讓章魚吸飽湯汁（**D**），當每次需要出餐時再溫熱，切成大小不一的塊狀（**E**），與湯汁一併盛於器皿中，最後再以芽蔥點綴。

烏賊飯

● 蒸氣烤箱 steam convection oven

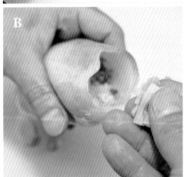

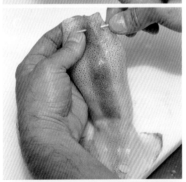

[材料]（3 份）

糯米…150g

鹽、酒…適量

錫烏賊…3 隻

粗鹽…適量

a ⎰ 高湯…540㎖

⎱ 酒…540㎖

⎱ 醬油…180㎖

⎱ 味醂…180㎖

⎱ 砂糖…120g

白髮蔥絲…適量

1　淘洗糯米，並放置水中浸泡 30 分鐘。接著放入設定為蒸氣模式、溫度 99℃ 的蒸氣烤箱中約蒸煮 20 分鐘，最後灑上酒與鹽巴靜置冷卻備用。

2　將烏賊清洗乾淨，把身體與腳的部位區分開來，烏賊腳需切成小塊（**A**），用鹽巴搓揉後再過水清洗一次。

3　身體部位也須用鹽巴搓揉後再過水清洗，接著用 50 ～ 60℃ 的熱水燙過，再放入冰水中降溫冷卻。

4　將步驟 **1** 與 **2** 的材料混合攪拌後放入步驟 **3** 烏賊身體內，約塞放到 8 分滿（**B**），洞口處再用牙籤像是縫合似的穿刺固定，使其牢牢地封住（**C**）。

5　在料理缽中放入步驟 **4** 與材料 a 後封上保鮮膜，放入設定好蒸氣模式、溫度 80℃ 的蒸氣烤箱加熱約 30 分鐘（**D**）。

6　將步驟 **5** 的湯汁移至鍋中繼續燉煮，放入烏賊飯使其沾附湯汁。

7　最後盛放在鋪有竹葉的器皿上，並用白髮蔥絲點綴裝飾。

蒸氣烤箱的「蒸煮功能」
也可利用於肉類或魚類的備料處理

料理長

須藤展弘先生

Nobuhiro Sudo

歷經河豚餐廳與飯店的日式餐廳等，最後進入
COMER 公司任職。擔任過西麻布的「月之庭」（現
在已關閉）、西麻布的「KONBUYA」、表參道
的「HONOJI」等日式居酒屋的料理長。隨著表參
道的「HONOJI」餐廳更換經營權，餐廳名稱跟著
改名為「丸角」，並持續擔任料理長一職。

「酒・肴 丸角」

地址：東京都澀谷區神宮前 5-10-1
表參道 GYRE4F
電話：03-5778-9103/ 規模：104 席
使用新鮮當季食材，以日式料理為基礎，用
合理的價格，提供多一點巧思的料理。店內
有可飽覽夜景的露臺座位，或是日式席位 -
座敷、包廂等多種空間供顧客選擇。日式午
間套餐每種皆是 900 日幣（含稅）。

可作為平時用餐地點的日式居酒屋，鄰近商店的作業員或是上班族都會聚集前往的「丸角」。在擁有 100 個座位的餐廳內充滿著活力與朝氣，每天都是高朋滿座，可用經濟實惠的價格享受到由日式料理的料理長用心準備的餐點，正是此餐廳高人氣的祕密所在。

日式料理的世界裡幾乎不太使用新式烹調機器，但須藤先生說：「蒸氣烤箱可作為代替蒸煮用具的新戰力被廣泛運用。」無論是茶碗蒸或是甜點類的布丁，本回所介紹的章魚或烏賊料理，比起用煮的，蒸的方式反而更容易鎖住美味，且讓口感更軟嫩，所以運用蒸氣烤箱來做料理。為了破壞章魚強韌的肉質纖維，「以前的料理長會用蘿蔔泥搓揉等方式，下功夫讓章魚肉質變軟嫩」，現在只需將最低限度的食材處理確實做好，之後就只要交給蒸氣烤箱加熱烹調，變得可以有效率地完成料理。

不僅是作業效率化，製作豬肉角煮時像是五花肉的事前加熱，蒸氣烤箱可以做到漂亮完整的肉塊燉煮。須藤先生說：「蒸煮的烹調方式不會讓食材形狀毀壞，肉塊的線條還可完整保留，呈現漂亮的肉塊形狀。鋪滿豆渣就可讓多餘油脂被吸附，味道變得更好。雖然烹煮時間比壓力鍋還久，但只要將溫度設定好就可放著等待即可，十分簡單輕鬆。」

New Cooking Recipe **34**

低溫煎烤
群馬縣上州牛
佐胡麻醬

採用以優質牛肉而聞名的上州牛的內腿肉，再搭配番茄與小黃瓜，淋上胡麻醬，完成風味像似「棒棒雞」的一道菜餚。將牛肉真空包裝，利用蒸氣烤箱低溫烹調後，再用鍋子油煎，可品嘗到只有紅肉才有的濕潤柔嫩的口感與表面煎烤過的油脂香氣。油脂較少口味清淡但仍帶有肉脂鮮味的腿肉，與具有口感的胡麻醬搭配十分對味。

詳細食譜請參考 P132

New Cooking Recipe **35**

真空黑醋醃漬
天然鯛與當季蔬菜

當季新鮮的天然鯛魚，搭配黃色、綠色的櫛瓜或紅心蘿蔔等，形成一道色彩鮮豔豐富的冷盤。用魚露作為隱藏風味加在黑醋泡汁中當成淋醬淋上，創作出現代版的沙拉風格。醃漬時利用真空調理方式，除了能短時間內就讓味道浸漬入味，還能保持鮮度下進行保存。以一盤份量各別進行真空包裝，可讓盛裝作業更容易，作業更簡便。

詳細食譜請參考 P133

New Cooking Recipe **36**

白蘆筍慕斯
竹笙清湯

採用中國的高級食材「竹笙」與綠蘆筍作為食材燉煮出
的中華高湯上，擠上白蘆筍製作出來的慕斯。攪拌後就
會變成像是法式濃湯般滑順的舌頭觸感，可以體驗料理
變化的樂趣。為了放入慕斯，將清湯使用太白粉加強濃
稠度是關鍵。這是屬於夏天的一道料理，若是到了秋天，
則改用牛肝菌菇的清湯放上南瓜慕斯。

詳細食譜請參考 P134

低溫煎烤群馬縣上州牛
佐胡麻醬

● 蒸氣烤箱 steam convection oven　　● 真空調理機

[材料]（一盤份）

上州牛內腿肉（肉塊）…180g

大豆沙拉油…適量

番茄…1/2 顆

小黃瓜…1/2 根

鹽、芝麻油…適量

白芹菜…25g

腰果…適量

胡麻醬 ※…適量

辣油…適量

1 將牛內腿肉放入專用袋中做成真空包裝。

2 將步驟 **1** 放入已裝熱水的料理缽中，於熱水中插入芯溫計，放入設定好蒸氣模式、溫度 52℃ 的蒸氣烤箱中加熱 2 小時（**A**）。

3 在鍋中熱油，放入步驟 **2** 牛內腿肉油煎上色（**B**）。

4 將步驟 **3** 牛內腿肉放入冰水中 1 小時以上，使其冷卻。

5 將番茄切成薄片，小黃瓜切成條狀並用菜刀輕敲，用鹽巴與胡麻油調味。

6 於器皿中盛上步驟 **5** 的番茄與小黃瓜，將步驟 **4** 的牛內腿肉切片後也擺上在上方，最後淋上胡麻醬。添加白芹菜與腰果，作為提味再淋上一圈辣油（**C**）。

※ 胡麻醬

（一盤份）

醬油…35g
砂糖…10g
米醋…5g
芝麻糊…100g
細切生薑…5g

全部材料混合攪拌。

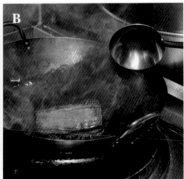

真空黑醋醃漬天然鯛與當季蔬菜

●真空調理機

[材料]（一盤份）

天然鯛魚…180g

洋蔥…150g

a ﹛ 黃櫛瓜…60g
　　 綠櫛瓜…60g
　　 紅心蘿蔔…70g
　　 綠花椰菜…60g

黑醋泡汁 ※…適量

粉紅胡椒、香菜…各適量

※ 黑醋泡汁

（備量）

a ﹛ 黑醋…600g
　　 酒…250g
　　 醬油…400g
　　 魚露…70g
　　 米醋…750g
　　 砂糖…340g
　　 鹽…140g
　　 黑胡椒…適量

大豆沙拉油…1400g

1 於料理缽中放入材料 a 混合攪拌均勻。

2 於步驟 1 中分批慢慢倒入大豆沙拉油並一邊攪拌均勻，盡量
　不讓大豆沙拉油產生分離作用。

1 將鯛魚切下 3 片魚肉並剝皮，切成片狀。將洋蔥切成薄片。

2 將材料 a 分別切成容易入口的大小，浸泡在比海水鹹度還淡的鹽水中
再用重石壓住約 2 小時左右。

3 將步驟 **1** 與 **2** 的食材分別放入專用袋中（**A**），再倒入黑醋泡汁，須
倒至材料都完全浸泡其中的量（**B**）。

4 將步驟 **3** 的食材抽真空包裝（**C**），放置冰箱冷藏約半天，使其醃漬
入味。

5 將步驟 **4** 的鯛魚片切成一口大小，與蔬菜一同盛放於器皿上，再淋上
醃漬使用的黑醋泡汁。最後灑上粉紅胡椒與香菜裝飾。

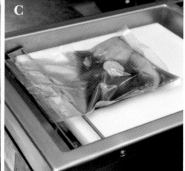

白蘆筍慕斯竹笙清湯

● ESPUMA ADVANCE （ESPUMA 慕斯瓶）

[材料]（4 人份）

竹笙（乾燥）…40g

綠蘆筍…40g

中華高湯 ※…400g

a ⎰ 鹽…8g
　 ⎱ 酒…20g
　 ⎰ 海鮮醬…8g
　 ⎱ 胡椒…適量

太白粉水…適量

雞油、蔥油…各適量

白蘆筍慕斯 ※…適量

金華火腿（切碎）…5g

※ 中華高湯是指雞骨與雞絞肉所燉煮出來的高湯。

※ 白蘆筍慕斯

（約 10 杯份）

白蘆筍…3 根
中華高湯…200g
45％鮮奶油…100g

1 將白蘆筍削皮後切成四等分，倒入中華高湯一起於蒸籠裡蒸煮 30 分鐘。

2 待冷卻後用攪拌機打碎攪拌，再用濾網過濾乾淨（**B**）。

3 加入鮮奶油攪拌，接著倒入 ESPUMA 慕斯瓶中（**C**），灌入氮氣，放到冰箱裡冷藏。

1 將竹笙切成 2cm 寬的大小，綠蘆筍也切成斜狀薄片。

2 於鍋中加入中華高湯與步驟 **1** 食材使其稍微煮沸。

3 用材料 a 調味，再用太白粉水調整濃稠度，並加入雞油與蔥油。

4 於器皿中倒入步驟 **3** 清湯，從上方擠上白蘆筍慕斯（**A**），最後用切碎的金華火腿裝飾。

為了創造出活用食材的料理，
新式料理機器是不可或缺的角色

TENKOUDOU

代表董事兼料理長

廣田資幸先生

Motoyuki Hirota

歷經市川 Grand Hotel 與松戶「榮鳳」14 年的廚藝修業，之後擔任松戶「竹琳」的總料理長 6 年後，於 2013 年獨立創業開設本餐廳。於 2018 年 1 月將餐廳移設到日本千葉縣松戶市內。擔任日本中華料理協會關東地區本部的副本部長、千葉縣分部的分部長。

「中國料理 天廣堂」

地址：千葉縣松戶市松戶 1339-1
電話：047-382-5250/ 規模：143 席
於 2018 年 1 月將餐廳移設到松戶市內，
客席座位則是採用摩登裝潢，2 樓也設
有最多可容納 60 人的包廂。午餐為
1300 日幣起，晚餐則是 3900 日幣～
8680 日幣（含稅）。

天廣堂專門提供重視採用當季食材的中華料理，以「廣受當地居民喜愛的料理」為主題，無論是婚喪喜慶，各種紀念日或接待等場合都可利用，備有各式高級料理，以當地顧客為中心獲得高度人氣。

廣田主廚說：「蒸氣烤箱不僅可以烹調大量料理，最大優點是可以做出安定的品質與風味。」隨著餐廳位址轉移，客席座位約增加 100 席，40～50 名的宴會預約也增加了。全力活用從前就開始使用的蒸氣烤箱與真空調理機，力求烹調速度提升與效率化。再者，在廣田主廚所推崇的活用素材烹調方式上，這樣的新式調理機器亦大受好評。不只是炒、炸這些中華料理上變化多端的火候控制，還包含低溫真空調理這種纖細的火候調整，符合日本人的味覺喜好，創造出活用當季素材的原始風味餐點。

另外，油封或是慕斯等異國料理的烹飪技術也積極導入中，試圖為添加驚奇與創新的中華料理創造獨特性。「想要在重視食材之下做出中華料理風味的餐點，新式料理機器是不可或缺的角色。」廣田主廚說。

New Cooking Recipe **37**

廣東叉燒

一般使用肩胛肉製作的叉燒，本回採用五花肉來製作呈現出濕潤口感，是一道人氣餐點。豬五花肉的油脂與瘦肉容易因為燒烤造成受熱不均，在帶骨狀態下燒烤可讓肉塊不會緊縮，且用蒸氣烤箱烹調可一邊加濕一邊烘烤，得以讓五花肉塊全部受熱均勻。剛烘烤完成時是最多汁的狀態，所以都是由預約時間往前推算，將剛烤好的叉燒當成前菜來提供給顧客享用，再搭配炸蔥一起食用，炸蔥的香氣將叉燒的香甜油脂更凸顯出來。有很多顧客是品嚐過剛烤好的柔嫩叉燒，為了再次吃到叉燒而再度光臨餐廳。

詳細食譜請參考 P142

New Cooking Recipe **38**

低溫蒸煮全雞

將全雞使用蒸氣烤箱以熱水溫度 60℃ 加熱，烹調出口感更加濕潤的雞肉。用鹽水事先調味過的全雞，放入維持在溫度 60℃ 的熱水中加熱 90 分鐘，利用蒸氣烤箱的特性加濕加熱烹調。若是煮得太過，雞肉容易變得乾柴，所以利用剛剛好的低溫來烹調雞肉。利用低溫烹煮的全雞，為了保留雞肉風味，使用清淡鹽味的蔥、生薑水浸泡調味。搭配的醬汁則選擇蔥與生薑的醬汁。醬汁上擺上雞肉，當成套餐的前菜提供給顧客品嚐。簡單的搭配組合讓濕潤的肉質口感更加提升。

詳細食譜請參考 P143

New Cooking Recipe **39**

叉燒酥

將用蒸氣烤箱烤出來的豬五花叉燒肉（P136）切成細小塊狀，搭配蔬菜餡料做成叉燒醬。烘烤成多汁的豬五花叉燒肉被用來讓蔬菜餡料增添肉脂美味成為入口即化的最佳食材。包裹叉燒醬的酥皮麵團，內側的油皮不僅使用豬油還添加了奶油，變成帶有乳製品的奶香味及入口即化的麵團。因是使用蒸氣烤箱，可以一邊讓熱風對流一邊加熱，所以烘烤過程中無須將叉燒酥變換方向也可以均勻地烘烤完成，酥皮末端也可含在嘴中化開，烘烤得很成功。

詳細食譜請參考 P144

廣東叉燒

●蒸氣烤箱 steam convection oven

[材料] (備料)

帶骨豬五花肉⋯1 片
炸蔥⋯適量
食用裝飾菜⋯適量
糖漬大豆⋯適量
花椰菜⋯適量

混合砂糖細粒砂糖	香味蔬菜醬香菜
細砂糖⋯2400g	香菜⋯1 把
鹽⋯600g	紅蔥頭⋯2 顆
增味劑（味素）	大蒜⋯3 粒
⋯37.5g	生薑⋯1 小節

叉燒汁醬油	糖蜜蜂蜜
醬油⋯90g	蜂蜜⋯50g
細砂糖⋯150g	水飴⋯50g
天然鹽⋯15g	砂糖⋯42g
芝麻醬⋯15g	水⋯20g
海鮮醬⋯24g	
五香粉⋯2 小匙	
沙姜粉⋯2 小匙	

1 將帶骨豬五花肉連骨頭一起切開。

2 帶骨豬五花肉一整塊約 420g，相對於肉塊重量需搭配的砂糖為 20g，用砂糖將整體肉塊按摩搓揉後再靜置約 30 分鐘（**A**）。

3 將叉燒汁的材料全部混合攪拌均勻（**B**）。

4 將香味蔬菜醬的材料全部用攪拌機攪拌打碎後放到料理缽中。再倒入可蓋過這些材料的大豆沙拉油（份量外）混合攪拌（**C**）。

5 將糖蜜的材料全部倒到鍋子中攪拌並燉煮約 5 分鐘。

6 將步驟 **3** 與 **4** 的材料混合。想要成色漂亮時則再添加色粉（份量外）。在此將步驟 **2** 的帶骨五花肉塊常溫浸漬 3 小時（**D**）。

7 將蒸氣烤箱設定為蒸氣模式（中）、溫度 200℃，把帶骨豬五花肉吊掛於內烘烤 10 分鐘（**E**）。塗上浸漬醬汁後（**F**），以 160℃ 再次烘烤 10 分鐘，最後完成時再加熱至 200℃ 烘烤 4 分鐘。

8 烘烤完成取出的帶骨豬五花肉再塗上步驟 **5** 的糖蜜。

9 切除骨頭，並將肉塊切成薄片狀（**G**），最後擺上炸蔥、食用裝飾菜、糖漬大豆、切片的花椰菜裝飾。

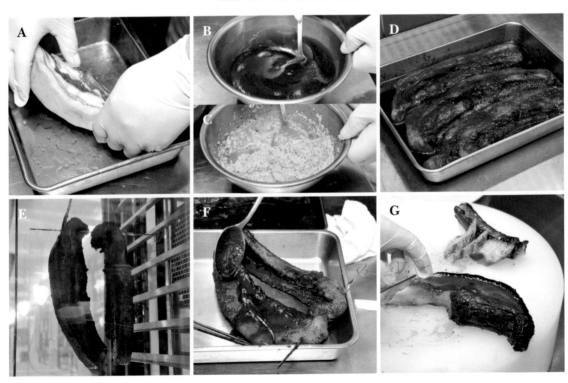

低溫蒸煮全雞

● 蒸氣烤箱 steam convection oven

[材料]（備料）

全雞…1 隻
鹽水（水 1ℓ 加鹽 30g 的比例）…適量

蔥・生薑水
鹽…水 1ℓ 加鹽 41g
蔥…適量
生薑片…適量
山椒…適量

蔥醬
細蔥…適量
生薑…適量
沙拉油…適量
鹽…適量
胡椒…適量

將細蔥先用油油炸，油炸後的細蔥與生薑還有
沙拉油一起放入攪拌機內打碎攪拌，再加上鹽
與胡椒調味。

1 將全雞浸泡於鹽水中，放置在冰箱約醃泡 12 小時（**A**）。

2 從冰箱取出全雞後使其回溫。於烤盤中盛滿 60℃ 的熱水，將全雞放入後，整盤放進設定好蒸氣模式、熱水溫度 60℃ 的蒸氣烤箱中加熱 90 分鐘（**B**）。

3 確認全雞內部已經煮熟後再取出，用冷水冷卻。

4 混合蔥・生薑水的材料，將冷卻好的全雞浸泡在蔥、生薑水中約 50 分鐘。

5 於盤子上倒入一些蔥醬（**C**），將切好的雞肉擺放在上面。

叉燒酥

● 蒸氣烤箱 steam convection oven

[材料]（備料）

油皮

低筋麵粉⋯1kg

豬油⋯550g

奶油（無鹽）⋯450g

水皮（搭配油皮的份量）

低筋麵粉⋯800g

高筋麵粉⋯200g

砂糖⋯20g

全蛋⋯3 顆（186g）

水⋯400g

叉燒餡

蔬菜餡⋯適量

叉燒（P142）⋯與蔬菜餡同量

野菜餡

洋蔥⋯200g

生薑⋯200g

八角粉⋯20g

桂皮粉⋯20g

砂糖⋯500g

花生奶油⋯200g

芝麻醬⋯300g

蠔油⋯150g

水⋯2100㎖

太白粉⋯270g

1 首先製作油皮。將全部材料混合攪拌均勻後，搓揉整型放到冰箱冷凍 3 小時，使其發酵熟成。

2 製作水皮。將全部材料混合後搓揉，於常溫下放置 1 小時，使其發酵熟成。

3 將水皮的四角拉長展延，油皮也拉長展延至與水皮相同大小。

4 油皮上疊放水皮的麵團，以水皮當外側反覆摺疊擀壓 3 ～ 4 次後放到冰箱冷凍熟成。

5 製作蔬菜餡。將洋蔥、生薑切碎，與其他材料混合攪拌後放到爐火上一起燉煮 10 分鐘。

6 將叉燒細切成 1mm 左右的塊狀，再與步驟 **5** 蔬菜餡混合攪拌，變成叉燒餡。

7 將麵團切成 4cm × 6cm 的大小，把叉燒餡 20g 放在麵團中間（**A**）後，捲起來（**B**）。

8 在表面塗上蛋黃液（份量外），灑上白芝麻（份量外），排列在烤盤上。

9 用烤焗模式、溫度 200℃ 的蒸氣烤箱烘烤 12 分鐘。

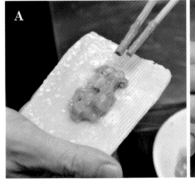

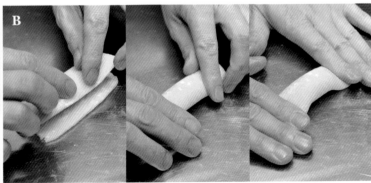

希望創造傳統中華料理為基礎，
增添新的口感與美食風格！

料理長

田 俊 先生

Shun Den

1999 年到日本後，曾經就職於新橋「新橋亭」，
於 2004 年擔任「旦妃樓飯店」餐廳的料理長。
2015 年取得厚生勞動大臣認定的專門料理師烹
飪技術士資格及藥膳師資格。擔任日本中國料理
協會，北東京分部長。除了引進上海最新的中華
料理，日式料理、藥膳風味也都融合採納使用，
持續探究研發全新風格的中華料理。

「創作中國料理 旦妃樓飯店」

地址：東京都台東區上野公園 1-59
電話：03-3828-5571/ 規模：2 人包廂到可容
納 200 名賓客的大型場地。
餐廳位於上野公園內的西鄉隆盛雕像旁，上
野的森林中佇立著一間洋房，內部裝潢是仿
造 1930 年代懷舊美好的上海殖民地風情放鬆
自在的空間布置。套餐價格從 8000 日幣起。

套餐不是用大盤子來供菜，而是採用由前菜開始每人一盤的西式料理風格供應。料理內容也是，傳統的中華料理融合法式、義式風味，擺盤裝飾或配菜方式也都是融合各式料理特色，甚至連日式料理或藥膳的創意結合也都嘗試過。器皿不僅僅使用中國食器，像是 P140 的「叉燒酥」盛裝器皿，則是備前燒的古物。無論西洋食器或是日式食器都會搭配使用。每一盤餐點包含盛裝器皿，都是在色香味俱佳的狀態下提供。

因為經常舉辦舞會和宴會，於是導入了蒸氣烤箱，但不僅是為了大量烹調，亦可用作創作新式口味料理的研究機器。本回所介紹的叉燒、蒸煮全雞就是利用蒸氣烤箱來烹調，達到更濕潤口感，更多汁的料理表現。由於無論是叉燒或蒸煮全雞都是熟悉的中華料理，因此有很多顧客對於使用蒸氣烤箱創造出新式風味而感到驚喜。其他，像是使用真空包裝機的真空料理，田料理長也在摸索研究當中。

有很多顧客都是為了尋求中華料理的新式魅力前來品嚐，並將田料理長的料理搭配紅酒或香檳一起享用。

New Cooking Recipe **40**

酒粕濃厚拉麵

使用雞肉與豬肉熬煮的濃厚白湯裡，添加從酒藏取出的
酒粕，創作出「酒粕濃厚拉麵」。酒粕的香氣可以調合
動物脂肪高湯的肉腥味，創造出「和」的氛圍。叉燒肉
則是添加豬五花的烤豬肉，以及使用豬肩胛肉的真空低
溫油封豬肉兩種。油封豬肉是以不影響酒粕香氣做出最
簡單的調味後，再用蒸氣烤箱加熱烹調。只有蒸氣烤箱
才能展現出的淡粉色與柔嫩口感，深獲女性好評。

詳細食譜請參考 P148

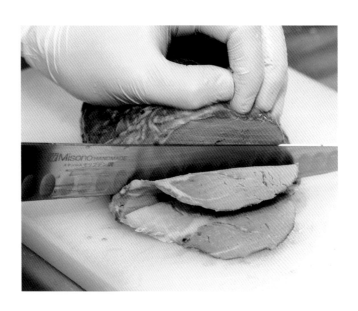

酒粕濃厚拉麵

●真空調理機●蒸氣烤箱 steam convection oven

真空低溫 油封豬肉

[材料]（備料）

日本國產豬肩胛肉（肉塊）…500g
鹽…豬肉的重量比例 1.5％（7.5g）
胡椒…適量
橄欖油…豬肉重量的 10％（50㎖）
生薑…1 片
長蔥（綠色部分）…1 根

1 將真空包裝專用袋的袋口向外側捲摺，放入豬肩胛肉（**A**）後灑上鹽、胡椒，將生薑、長蔥的綠色部分、橄欖油放入（**B**），真空包裝（**C**）。

2 放到帶孔的烤盤上，使用設定為蒸氣模式、溫度 68℃ 的蒸氣烤箱加熱 3 小時半到 4 小時（**D**）。

3 從袋上用手試壓肉塊看看（**E**），若是肉塊有彈性且跑出紅色肉汁的話就可將肉塊從蒸氣烤箱中取出。

4 每袋都須放到冰水中放置冷卻 1 小時以上。

5 從袋中將油封豬肉取出，將表面的油輕輕擦拭掉後切片（**F**）。因接觸空氣後就會慢慢變色，所以盡可能在出餐時再切片即可。回溫後肉汁就會跑出，所以需冷藏保存使用。

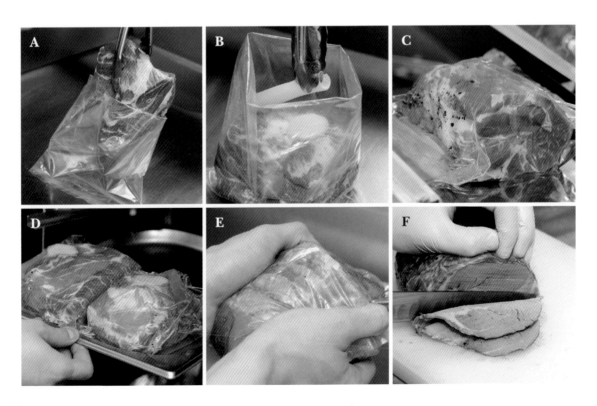

只要有蒸氣烤箱，即使在餐廳營業中也能
不用在意溫度管理，放心進行準備作業

餐廳老闆

金子晉衛先生

Shinei Kaneko

曾經待過日本東京都內的義式料理餐廳累積約
10年的廚房料理經驗，在2016年7月開幕的「銀
座 風見」上被選拔為開店元老之一，因此朝向
拉麵領域邁進。與日式料理出身的同事一起研發
出使用酒粕的拉麵。現在則以餐廳老闆的身分全
權管理餐廳事務。

「銀座 風見」

地址：東京都中央區銀座 6-4-13
　　　浅黃ビル 1 階
電話：03-3572-0737/ 規模：8 席
使用白木作成的內部裝潢，讓人聯想到京
都的小料理店，店內提供著招牌料理「酒
粕濃厚拉麵」等餐點。女性顧客與外國顧
客慢慢增加，雖然餐廳位居巷內，但在中
午用餐時段也是需要排隊的人氣餐廳。

位居銀座巷弄內的「銀座 風見」是一間以「像似在京都的拉麵店」而聞名的人氣餐廳。店內招牌料理是幾乎8成以上的客人都會點的「酒粕濃厚拉麵」與「酒粕濃厚沾麵」。

餐廳在開幕時就引進蒸氣烤箱，因為金子先生認為「餐廳廚房沒有設置烤箱，若需要導入的話，應該引進可以多功能烹調的蒸氣烤箱較好」。烤焗模式可以烘烤香氣十足的叉燒外，蒸氣模式可以製作油封豬肉，提供兩種叉燒來增加拉麵的魅力。

善用蒸氣烤箱最大的優點是，即便是營業中也可以不用在意溫度管控，放心進行準備作業。金子先生說：「依據肉塊大小調整加熱時間，若是在意肉的腥味時則再將溫度提升1℃，像這樣應變微調。只要在一開始將溫度與時間設定好的話就不會失敗，順利完成烹調，使用上十分方便。」完美做出用來搭配加入酒粕的上等湯頭，鎖住肉汁帶有濕潤柔嫩口感的叉燒。在著重微妙溫度管控的油封料理製作上，蒸氣烤箱已是無可取代的地位。

油封豬肉或油封雞肉，在每日變換的今日特餐上也拿來做為配菜。今後考慮使用蒸氣烤箱來製作炊飯，預計在副餐餐點上可以全力善用。

New Cooking Recipe 41

採用三崎鮪魚製作的
火烤鮪魚搭配半熟蛋
與份量十足的尼斯沙拉

這是一道盛滿從神奈川縣三浦購買到的新鮮蔬菜的人氣沙拉。上頭搭配的鮪魚也是利用在三浦購買的黑鮪魚做出自製火烤鮪魚。魚尾等週邊價格較便宜的部位以整塊買進，用烤網烤出讓食慾大增的烤網痕跡後，再用低溫的蒸氣烤箱做出油封鮪魚。烹煮過度容易變得乾扁的鮪魚，善用蒸氣烤箱來烹調可以不費時費工就可營造出濕潤口感。

詳細食譜請參考 P156

New Cooking Recipe **42**

Ortolana 田園蔬菜
番茄義大利麵

在義大利語中表示「菜園」之意的 ortolana，就是只使用蔬菜來料理的義大利麵。放入當天採購的 8 ～ 10 種新鮮蔬菜，可以享受到各式各樣蔬菜的美味。蔬菜的事前準備就是善用蒸氣烤箱來烹調。像是蘿蔔或茄子、櫛瓜等想要凝集風味的蔬菜就使用烤焗模式，若是像胡蘿蔔那種較硬的根菜類就用蒸氣模式使其變軟中心熟透，因應蔬菜的特性分別烹調的話可以更增添蔬菜的美味程度。

詳細食譜請參考 P157

New Cooking Recipe **43**

起司蛋糕

這是以濃厚起司風味為特點的燒烤起司蛋糕。嚴選使用鹽味較少，口味層次較豐富、溫和柔滑的 cream cheese。為了做出像起司般滑順的口感，利用蒸氣烤箱的 combi 模式一邊給予蒸氣一邊烘烤蛋糕。烘烤完成後關掉蒸氣模式，切換到烤焗模式，讓蛋糕表面烘焙出金黃色澤，實施兩段式烹調方式。使用蒸氣烤箱就可以免除用湯鍋隔水加熱的麻煩，並能做出品質穩定的美味。

詳細食譜請參考 P158

採用三崎鮪魚製作的火烤鮪魚
搭配半熟蛋與份量十足的尼斯沙拉

● 蒸氣烤箱 steam convection oven

[材料]（一盤份）

萵苣、蘿美生菜、菊苣、水菜等…適量

紅蔥頭風味的淋醬 ※…適量

火烤鮪魚 ※…4 片

半熟蛋…1 顆

鰻魚…適量

水煮馬鈴薯…4 切片

番茄…4 切片

黑橄欖…4 顆

a ⎰ 青椒（切片）…適量
　⎱ 芹菜（切片）…適量
　⎱ 小黃瓜（切片）…適量
　⎱ 水煮四季豆（切小塊）…適量
　⎱ 蒔蘿…適量

甜椒粉、黑胡椒…各適量

※ 紅蔥頭風味的沙拉醬

（容易準備的量）

紅蔥頭（切碎）…30g
白酒…150g
白酒醋…150㎖
法國第戎芥末醬…20g
鹽…25g
橄欖油…800㎖

1 於鍋中放入紅蔥頭與白酒後加熱，須燉煮到全部剩下約 50g 左右。

2 將步驟 1 與其他材料混合後，用手持式攪拌機（BAMIX）攪拌至乳化。

※ 火烤鮪魚

（備料）

黑鮪魚（整塊）…4kg
鹽…48g（相對於黑鮪魚重量的 1.2%）
大蒜油…適量
百里香…10 ～ 15 根
平葉芫荽…1/2 盒
沙拉油…適量

1 將鮪魚切成適當大小，灑上鹽巴讓整體都搓揉入味，表面再沾滿大蒜油。

2 在容器內放入步驟 1 與百里香、平葉芫荽，再放到冰箱冷藏浸漬一晚。

3 將烤網用大火預熱後，將步驟 2 鮪魚表面燒烤上色（**A**）。

4 在鍋中倒入沙拉油，將步驟 3 與浸泡使用的香草一同放到鍋中加熱，需加熱到尚未沸騰的程度（約 80℃）（**B**）。

5 放入設定為烤焗模式、溫度 130℃ 的蒸氣烤箱中加熱約 1 個半小時（**C**）。

1 將新鮮蔬菜清洗乾淨後把水分瀝乾，撕成一口大小後放入缽盆中，淋上沙拉醬。

2 盛放到器皿中，周圍再用擺上火烤鮪魚切成四等份、鰻魚、半熟蛋、水煮馬鈴薯、番茄、黑橄欖，最後用材料 a 裝飾，灑上紅椒粉與黑胡椒。

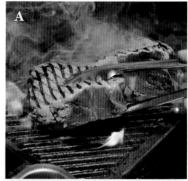

Ortolana 田園蔬菜番茄義大利麵

●蒸氣烤箱 steam convection oven

[材料]（一盤份）

義大利細扁麵（生麵）…120g
田園蔬菜番茄醬汁 ※…180mℓ
平葉芫荽、Baby 生菜…各適量

※ 田園蔬菜番茄醬汁

（備料）

a ｛ 茄子…6 根
　　櫛瓜…5 根
　　蕪菁…5 個
　　小蘿蔔…15 個
b ｛ 紅蘿蔔（橙、黃、紫）…各 3 根
　　紫皮蘿蔔…2 根
　　紅皮紅心蘿蔔…2 根
鹽、橄欖油…各適量

洋蔥…4 顆
大蒜油…適量
鹽…適量
整顆番茄（罐頭）★…7560g
（先用手持式攪拌機輕微攪碎備用）

1 將材料 a 與 b 去皮後不規則切塊，灑上鹽與橄欖油，再將 a 與 b
　分開放上鋪好烘焙紙的烤盤上（**A**）。

2 將材料 a 放進設定為烤焗模式、溫度 190℃ 的蒸氣烤箱加熱 12 ～
　15 分鐘（**B**）。

3 將材料 b 放進設定為蒸氣模式、溫度 180℃、濕度 20％的蒸氣烤
　箱加熱 12 ～ 15 分鐘。

4 於寸胴鍋（圓形深鍋）中放入大蒜油加熱，放入切成薄片的洋蔥
　與鹽巴拌炒，須拌炒至洋蔥水分跑出，洋蔥變成透明為止。

5 於步驟 4 中放入步驟 2 與 3 的食材（**C**），再加入整顆番茄，待
　煮沸後轉成小火繼續燉煮，若出現雜質泡沫時須將雜質泡沫撈起
　並不時地攪拌熬煮約 30 分鐘。最後再加鹽巴調味。

1 在放入鹽巴（份量外）的熱水中加入義大利細扁麵，約煮 3
分鐘。

2 於鍋中倒入田園番茄醬汁開啟爐火加熱，放入步驟 **1** 的麵條
後攪拌使其吸附湯汁。

3 盛放到器皿中，最後用平葉芫荽、Baby 生菜裝飾。

起司蛋糕

● 蒸氣烤箱 steam convection oven

[材料]（直徑 22.5cm 圓形烤盤 3 盤份）

cream cheese（已回温）…1200g

蔗糖…510g

雞蛋…9 顆

玉米粉…48g

35％鮮奶油…600g

檸檬汁…90㎖

櫻桃酒…30㎖

水果醬（任選喜好的口味）…適量

糖粉…適量

薄荷葉…適量

餅皮材料

全麥餅乾（400g）用食物處理機攪碎成顆粒狀，再加入融化奶油（90g）及蔗糖（70g）一起混合攪拌。

1 於攪拌缽盆內放入 cream cheese 與蔗糖用低速攪拌，再慢慢一邊加入蛋液，一邊攪拌，注意不要攪拌至起泡。

2 將過篩的玉米粉慢慢地一邊加入一邊攪拌，接著將鮮奶油分成 2 ～ 3 次分開加入攪拌。

3 將步驟 **2** 食材過篩（**A**）後，加入檸檬汁與櫻桃酒，再用橡膠刮刀攪拌。

4 將鋪好烘焙紙的烤模中鋪滿餅皮材料，倒入步驟 **3** 食材（**B**）。

5 放入設定好 combi 模式、溫度 160℃、蒸氣 30％的蒸氣烤箱中烘烤 15 分鐘，接著將烤盤轉向（**C**）再烘烤 15 分鐘。

6 關掉蒸氣功能，切換成烤焗模式，使表面烘烤至出現金黃色為止烘烤約 15 分鐘。烘烤完成後讓其放在烤模內散熱，接著放入冰箱冷藏一晚。

7 從烤模中取出蛋糕並切塊，於盤子內抹上水果醬後盛放蛋糕，灑上糖粉，最後用薄荷葉裝飾。

搭配食材特性進行模式區分使用，
可以提升作業效率及料理美味

主廚
古川大策先生

Daisaku Furukawa

「Palace Hotel Tokyo」後，在飯店內的法式料理
餐廳「CROWN」修業 5 年半。之後，在相同系
列飯店的鐵板料理店與餐酒館餐廳裡繼續累積廚
藝經驗。於 2013 年進入「麴町カフェ」，2015 年
正式擔任主廚一職，並參與新菜單的開發。

「麴町カフェ（Kojimachi Café）」

地址：東京都千代田區麴町 1-5-4
　　　ライオンズステーションプラザ半蔵門 1F
電話：03-3237-3434/ 規模：55 席
餐廳於 2006 年開幕，在大量使用天然木打造的咖
啡廳內部空間裡，中午提供各式午間套餐（920 日
幣～ / 含稅），晚上則提供與自然系紅酒搭配、
嚴選當季食材的單品料理。

師法於南法、義大利、美國、亞洲等
世界各國的料理，從三明治、義大
利麵、沙拉、到魚類或肉類料理，提供各
式各樣餐點種類豐富的「麴町カフェ」。
以使用四季的新鮮食材為宗旨，蔬菜類由
老闆松浦清一郎先生，魚類則由行政主廚
松浦亞季小姐各別到三浦半島採購回來。
另外還講究自製手作食材，像是肉類加工
品等，都是善用營業的閒暇時間，由古川
主廚在餐廳內進行準備與製作作業。

種類如此繁多的餐點，為了在空間有
限的餐廳廚房內有效率地烹調完成，在店
內廚房的角落備有迷你尺寸的蒸氣烤箱。

除了用來製作蛋糕或馬芬等糕點外，還當
作蔬菜的事前準備或肉類、魚類的油封料
理。

古川主廚說：「營業中若是點菜單一
來，只有平底鍋是無法應付得來的。蒸氣
烤箱即使是一次大量烹調也可以火候均
一地完成烹調，可以使用在很多種類的餐
點製作上，我認為它是一個利用價值極高
的烹調機器。」如同在此所介紹的蔬菜事
前準備，配合食材特性，將模式設定分開
使用，除了提高作業效率亦可替蔬菜美味
加分，今後打算還要應用到更多用途上。

New Cooking Recipe **44**

Espresso 起司蛋糕

一個蛋糕有 400g，且含有大量奶油起司，是一道風味濃厚的起司蛋糕。在此添加主廚嚴選的濃縮咖啡，這是只有在 Caffe Strada 才能品嚐到的一道甜點。利用蒸氣模式烘烤，做出濕潤且柔滑口感的蛋糕，即使在營業狀態下進行準備作業，也能烤出品質與風味穩定的蛋糕。

詳細食譜請參考 P166

New Cooking Recipe **45**

溫蔬菜沙拉

本次介紹的料理是在咖啡廳的餐點裡時常被使用的溫蔬菜。在 Caffe Strada 裡為了讓溫蔬菜可用在各式各樣的料理中，所以準備時也是需要準備大量的溫蔬菜，但藉由使用蒸氣烤箱，即使是不同種類的蔬菜也不用太過在意烹調小細節，都可以均勻熟透。市原主廚說，果然還是須仰賴蒸氣的幫忙，才得以讓蔬菜的水分與甜味在不流失的狀態下調理完成，蒸氣烤箱的力量是非常大的呢！

詳細食譜請參考 P167

New Cooking Recipe **46**

傳承老舖餐廳風味的
燉漢堡排

這是由曾經在知名老舖洋食店裡長年擔任主廚的父親所
傳授的秘傳燉漢堡排。燉鍋使用的是法式砂鍋，因此更
能將熱呼呼的美味傳遞給品嚐的人。漢堡排在準備作業
時，就將鮮美的肉汁確實鎖在肉排中，當準備要上菜給
顧客時，即使廚房料理的人員不同，也能夠端出風味水
準相當的餐點，需確實做好事前準備工作。

詳細食譜請參考 P168

Espresso 起司蛋糕

● 蒸氣烤箱 steam convection oven

[材料]（21cm 烤盤 × 3 盤份）

奶油起司…1200g

細砂糖…320g

雞蛋…8 顆

鮮奶油…600g

檸檬汁…10g

低筋麵粉…55g

鹽…少許

咖啡酒…40g

濃縮咖啡…約 150cc

裝飾用巧克力醬…少許

基底（21cm 烤盤 × 3 盤份）

蘇打餅（原味）…270g

蜂蜜…60g

奶油（無鹽）…150g

1 將蘇打餅用攪拌機攪成細碎狀。

2 加入蜂蜜與融化奶油混合攪拌。

3 一邊旋轉烤模一邊用橡膠刮刀抹平塞放到烤模底部，接著放到冰箱冷藏備用。

1 將雞蛋攪拌均勻備用。將低筋麵粉過篩備用。將咖啡酒與濃縮咖啡混合攪拌備用。

2 將回到常溫的奶油起司與細粒砂糖混合攪拌均勻。

3 將步驟 **1** 的雞蛋、鮮奶油、檸檬汁、步驟 **1** 其他材料、鹽巴依序加入步驟 **2** 內混合攪拌均勻。

4 倒入基底上，最後用巧克力醬描繪圖案。

5 放入設定為蒸氣模式、溫度 180℃ 的蒸氣烤箱中加熱 10 分鐘。依設定時間完成 加熱後再將溫度降到 140℃ 再加熱 45 分鐘。最後將溫度降到 125℃ 加熱 25 分鐘。

溫蔬菜沙拉

●蒸氣烤箱 steam convection oven

[材料]（1人份）

切塊的溫蔬菜…適量

鴻喜菇…8 根

芽菜苗…一小撮

起司粉…一小撮

黑胡椒…少許

溫蔬菜沙拉用的沙拉醬

（1人份）

初榨特級橄欖油…10g

醬油…10g

義大利香醋…10g

蜂蜜…5g

大蒜（切碎）…少許

將平底鍋熱鍋，倒入初榨特
級橄欖油與大蒜拌炒，待香
氣出來後再將其他材料放入
拌炒，並稍微燉煮使其乳化。

溫蔬菜

（備料）

馬鈴薯…適量

胡蘿蔔…適量

南瓜…適量

青花菜…適量

鴻喜菇…適量

1 將馬鈴薯與胡蘿蔔削皮，切成適合一口吃的
大小。

2 將南瓜挖取南瓜子並切成適當大小。

3 將青花菜撥成適合食用的一朵朵菜花。

4 將蒸氣烤箱設定好蒸氣模式、溫度100℃後，
將步驟 **1**、**2**、**3** 依蔬菜類別分別放入加熱。

5 青花菜加熱 3 分鐘，胡蘿蔔、南瓜加熱 12 分
鐘，馬鈴薯加熱 13 分鐘，依時間分別從蒸氣
烤箱中取出。

6 鴻喜菇則分成少量後，將鴻喜菇與步驟 **5** 蔬
菜分裝至 1 人份的保鮮盒中備用。

1 將溫蔬菜加熱。

2 於盤子中淋上義大利香醋，盛上步驟 **1** 的溫蔬
菜，淋上加熱後的沙拉醬。最後灑上芽菜苗、
起司粉、黑胡椒。

傳承老舖餐廳風味的燉漢堡排

●蒸氣烤箱 steam convection oven

[材料] (1 人份)

自製漢堡排…130g

切塊的溫蔬菜…適量

自製多蜜醬汁…110g

起司粉…少許

鮮奶油…少許

黑胡椒…少許

1 將溫蔬菜加熱（P167）。

2 將漢堡排加熱。

3 在法式砂鍋裡放入溫蔬菜與漢堡排，淋上多蜜醬汁。

4 將步驟 **3** 以中火加熱。

5 待煮沸後灑上起司粉、鮮奶油、胡椒。

[材料] (14 個份)

漢堡排

牛豬混合絞肉…1kg

炒洋蔥…260g

雞蛋 L size…1 顆個

番茄醬…65g

鹽…14g

肉蔻…5g

肉桂…3g

黑胡椒…少許

麵包粉…190g

牛奶…250g

1 按照上述順序依序將材料倒入料理缽中，並混合攪拌至出現白色黏稠狀為止。

2 取 130g 的肉糰搓成圓形並將內部空氣拍打掉，最後做成橢圓形狀。

3 將平底鍋加熱後倒油，將兩面煎至適當顏色後再倒少量的水，蓋上鍋蓋使其燜煮約 7 分鐘。

CAFFE STRADA

只要用蒸氣烤箱，即使是忙碌的營業時間內進行料理準備作業，也能夠品質穩定地完成。

餐廳經營者兼主廚

市原道郎 先生

Michio Ichihara

對咖啡有自己的堅持，曾在 Double Tall Café 磨練過手藝。與擔任老舖洋食店主廚的父親一同在東京荻窪開設餐廳 Caffe Strada。歷經 15 年，已在當地落地生根，成為深受當地居民喜愛的人氣餐廳。

「Caffe Strada」

地址：東京都杉並區 4-21-19
荻窪スカイハイツ 101
電話：03-3392-5441/ 規模：26 席
距離荻窪車站很近，位於公寓的最深處有個入口，是一間隱藏於巷弄的咖啡館。為了成為與當地居民緊密結合的餐廳，用心製作讓常客不厭煩，充滿新鮮感的料理。

餐廳入口若是不走入通道窺探的話是很難發現的，完全是個靜靜佇立在巷弄裡的秘密餐廳。然而，走進店內會發現，顧客們一直都是絡繹不絕地進出。它的客層不分男女老少，商業人士，當地居民等各式各樣都有。因此，為了不管何時都能夠讓顧客享受到各種不同風味的料理，餐點菜單都是每天更換或每周更換，時常增添變化。市原主廚提到，這些餐點因有蒸氣烤箱來幫忙，準備作業上大幅輕鬆許多。「蛋糕類最多可以同時烘烤 6

顆，蔬菜類等較耗費時間準備的則明顯縮時不少。另外，從蒸氣烤箱外即可確認內部烹調狀況，這也是很大的優點」。還有善用蒸氣模式，特別是改變了蛋糕烘焙後的口感，對於喜愛濕潤口感的日本人來說是最合適不過了。因有很多女性常客，所以蛋糕類時常都會備有 10 種左右、相當豐富的品項可供選擇。對於每天都會上門光臨的顧客提供可以感受到穩定中求變化的創作餐點。

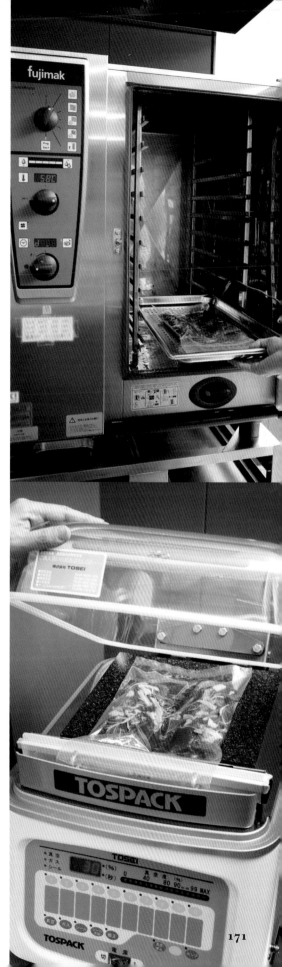

最新料理機器的
角色與基礎知識

監修 辻調理師專門學校

真空烹調和低溫烹調因為可以做到烹調SOP化或大量烹調，以致於市場需求逐漸攀升。這些烹調方式上不可或缺的正是多功能烤箱（蒸氣烤箱）、真空包裝機、急速冷凍櫃等料理機器。雖然不管是哪一種調理機器，都逐漸在料理界中慢慢普及，正因為如此，現在想趁機會宣導一些基本的使用注意事項或重點。在此也增加使用PACOJET（冷凍粉碎食物調理機），以兩道餐點的食譜為例，由辻調理師專門學校——西式料理的教授來傳授最新料理機器的使用注意事項與重點。

171

低溫調理菲力小羔羊排～尼斯風味～

將菲力小羔羊排與大蒜及迷迭香一起抽真空包裝，採用蒸氣烤箱的低溫調理方式烹調，呈現出濕潤柔嫩的口感。低溫調理方式容易讓味道滲透到食材當中也是其特點之一。選用與菲力小羔羊排較為合適的蔬菜，並使用在尼斯風味料理中常被運用的番茄來製作油封番茄之外，還搭配真空烹調的蘆筍、炸茄子與炸櫛瓜，清蒸蔬菜等，增添各式各樣的口感與風味，是一道賞心悅目的料理。佐上小羔羊的肉汁做成的醬汁，菲力小羔羊排上再灑上天然粗鹽或胡椒。鹽與胡椒的口感也會為小羔羊排的美味加分。

[材料]（4人份）

菲力小羔羊肉塊（約170g）…2塊

紅蔥頭（切薄片）…1/2顆

大蒜（切薄片）…1/2片

迷迭香…2枝

平葉芫荽…4枝

初榨橄欖油…50㎖

鹽之花（Fleur de sel）…適量

粗磨黑粒胡椒…適量

小羔羊的肉汁※…200㎖

※ 將切剖小羔羊肉塊時剩下的骨頭或筋、碎肉放入鍋中，用小羔羊肉的油脂拌炒。拌炒至顏色上色後取出，瀝除多餘的油脂，再放入調味蔬菜（洋蔥、紅蘿蔔、芹菜）拌炒。再回到肉的部分，加入白酒燉煮，燉煮到某種程度後，加入小羔羊的高湯、大蒜、百里香、番茄醬等燉煮約1小時，最後過濾醬汁。

油封番茄

番茄…2顆

大蒜、百里香、月桂葉…各適量

砂糖…適量

初榨橄欖油…適量

真空烹調蘆筍

綠蘆筍…8根

生火腿…1片

法式清湯、奶油…適量

清蒸蔬菜

洋蔥…4顆

朝鮮薊（小）…2顆

黃甜椒…1/2顆

櫛瓜花…2根

黑橄欖…8顆

大蒜、百里香…各適量

雞高湯※…適量

初榨橄欖油…適量

※ 雞骨與老母雞肉、調味蔬菜、水、法國香草束一起放入鍋中燉煮3～4小時。

茄子（切圓塊狀）…4片

羅勒葉…4片

天婦羅麵衣…適量

鹽、胡椒、油炸用油、初榨橄欖油…各適量

作法

1 醃漬菲力小羔羊塊

將菲力小羔羊肉塊去除油脂與肉筋。於真空調裡用的袋子裝入菲力小羔羊肉塊、紅蔥頭、大蒜、迷迭香、平葉芫荽、初榨橄欖油。抽氣成【真空包裝】，放到冰箱裡冷藏浸漬一小時。

為了不要讓真空用袋子的封口處沾附到油脂或食物，須先將袋子的前端反摺約5cm後再使用。食材則選擇鮮度、品質優良的食材。另外，食材的事前處理則須盡可能在低溫狀態下盡早處理完成。

調味料等須一起放入袋中。然而，無法在相同加熱溫度、時間下均勻受熱煮熟的話則須避免一起放入烹煮。要放入加熱過的食材時，須等到完全冷卻後再放入。

之後加熱的時候，為了讓熱能可以容易傳導，須將肉與肉分開擺放。抽真空前後則須確認袋子是否有細小孔洞（pin hole）。

真空度與抽氣時間須配合食材調整。有湯汁的食材或較軟食材的抽氣時間則需較短。

完成真空包裝的肉塊。確實抽氣完全可以抑止壞菌的繁殖，也不會讓肉汁流失。

真空烹調與細菌

由於真空烹調是以低溫方式加熱，所以需特別注意抑止細菌繁殖。為了不使細菌增生，食材加熱後90分鐘內需冷卻至3℃以下。

2 將菲力小羔羊肉塊使用低溫烹煮
（第一次加熱）

用酒精消毒過的芯溫計針頭插入肉塊的中心位置後加熱。【蒸氣烤箱　蒸氣模式 58℃　中心溫度 58℃　加熱約 40 分】

在第一次加熱時須管控食材的中心溫度。將芯溫計的針頭插入食材時雖然會出現孔洞，只要使用海綿（海棉條），海綿就可吸附鎖住從孔洞跑出的湯汁。

為了使肉的兩面可以接觸到蒸氣均勻受熱，須使用帶孔的烤盤。第一次加熱的目的是為了讓肉塊煮熟與賦予香氣。

在肉塊的厚度、幅寬的中心部位插入芯溫計。真空袋若是很多個的話只要選擇其中一個插入芯溫計量測即可。若是有型態大小差異的話，則選擇插入型態較大的食材來監控溫度。

加熱中，亦需要插入芯溫計來管控溫度。

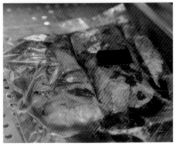

關於各種肉類合適的低溫烹調溫度，紅肉（牛肉、羊肉或鴨肉）為 58℃、白肉（豬肉、雞肉）大約為 65～70℃。中心溫度若是超過這個溫度的話，肉類就會受到壓力、肉身會變緊縮，肉汁會流出等，料理品質就會變得不佳。

3 將菲力小羔羊肉塊冷卻

從蒸氣烤箱取出肉塊後冷卻。【急速冷凍櫃 90 分鐘以內 ※ 中心溫度 3℃ 以下】

※ 依據新式烹調系統的的食品衛生管理法。為了防止細菌增生，冷卻是必要的。

將整個烤盤都放入急速冷凍櫃中。須將食材（肉）的中心溫度在 90 分鐘內冷卻到 3℃以下。之後需在冷藏溫度（0～3℃）下存放。以中心溫度 70℃ 以下加熱的食材須在 2～3 天內，這個溫度以外的則需在 6 天以內使用完畢。長期保存則需放置在冷凍（-22℃）。

4 菲力小羔羊肉塊重新溫熱（再加熱）

將肉塊再次加熱。【蒸氣烤箱　蒸氣模式 58℃　中心溫度 56℃　加熱約 40 分】

再加熱的目的是將肉塊重新溫熱。此時的重點是，食材的中心溫度須在一小時以內提升到與一次加熱相同的溫度。再加熱前的中心溫度若是變成 5℃ 以上，則須在 12 小時內使用完畢。若是變成 10℃ 以上者則必須廢棄處置。

最後在平底鍋加熱時，考量到須溫熱到食材內部，便以 56℃加熱。因為第一次加熱結束時食材內部已煮熟，所以直接進行最後加工步驟的話，於步驟 1．2 的流程後可以直接跳到步驟 9。

5 製作油封番茄

番茄先用熱水燙過剝皮，切成放射狀的 4 等分，去除番茄籽與多餘果肉。大蒜切成薄片，百里香與月桂葉則切成小塊。於烘焙紙上排列番茄，灑上鹽巴、胡椒、砂糖，再鋪上大蒜、百里香、月桂葉，淋上初榨橄欖油，放入蒸氣烤箱中加熱使水分散發。【蒸氣烤箱　烤焗模式 80℃　加熱 2～3 小時】

對於切成四等分的番茄塊上，每一塊番茄皆需淋上 1 小匙的初榨橄欖油。

這是烘烤完成後的狀態。依據番茄的大小或含水量不同，加熱時間為 2～3 小時，有些微幅度差異。

6 真空烹調蘆筍

將蘆筍下半部的外皮削除，並去除鱗片葉。將蘆筍、生火腿、法式清湯、奶油、鹽、胡椒放入真空烹調用的袋子後，做成【真空包裝】並加熱【蒸氣烤箱　蒸氣模式 100℃　加熱 2 分鐘】，加熱完成後再冷卻【急速冷凍櫃　90 分鐘以內　中心溫度 3℃ 以下】

帶有澀味的蔬菜（茄子或朝鮮薊等）在真空包裝之前須先用熱水燙過。生火腿是用來賦予香氣的。

蔬菜若是長時間低溫烹煮的話顏色就會變得沒有光澤，所以須短時間加熱烹調。比起用鹽水烹煮還更能保留食材風味、香氣與營養價值。

可用冷凍保存，但需在 6 天內食用完畢。

7 清蒸蔬菜

於鍋中放入初榨橄欖油、大蒜、百里香熱鍋，引出香氣。將切成適合食用大小的小顆洋蔥、朝鮮薊、黃甜椒、鹽巴一起加入拌炒，倒入少量雞高湯，蓋上鍋蓋轉小火燉煮。將去除水氣的步驟 6 蘆筍、以鹽水燙過切成適合食用大小的櫛瓜花果實的部分、黑橄欖加入，以溫熱的程度加熱。

8 烹調其它搭配的食材

將茄子、羅勒葉油炸後灑上鹽巴。櫛瓜花則沾上天婦羅麵衣用油油炸，最後灑上鹽巴。

9 將菲力小羔羊塊做最後加工

從步驟 4 袋子中取出小羔羊肉塊，擦拭去除水份。灑上鹽與胡椒後，放入用初榨橄欖油預熱的油鍋內，以強火將表面油煎上色。

因為鹽有脫水作用，在油煎之前才灑上鹽與胡椒。

肉塊表面若有殘留水分的話就會難以油煎上色，所以須確實將水分擦拭去除。

因為肉塊內部已經煮熟，只需將表面油煎即可。

油煎至金黃色的菲力小羔羊肉塊。

10 裝盤

於盤子上盛上色彩繽紛的搭配蔬菜，淋上初榨橄欖油。將菲力小羔羊肉切塊後亦盛裝上去，灑上鹽之花與黑粒胡椒，倒入小羔羊的肉汁。

黑醋栗蒙布朗

使用容易搭配的黑醋栗與栗子來製作盤飾甜點（Assiette Dessert）。以多款甜點組合搭配，可以一邊自由地創作風味一邊享受搭配的樂趣。每一款甜點的口感都有差異，像是醇厚風味的、滑溜口感的、清脆口感的，享受不同的口感在口中組成一曲和諧的樂章。製作黑醋栗冰淇淋是使用PACOJET（冷凍粉碎食物調理機），此款調理機器的特性就是可以製作出柔滑口感的冰淇淋。栗子焦糖布丁與酥餅是使用蒸氣烤箱來製作，冰淇淋與香緹鮮奶油則是善用急速冷凍櫃與烹調機器來製作。

[材料]（8 人份）

黑醋栗冰淇淋
牛奶…300g
蛋黃…5 顆
砂糖…45g
黑醋栗果泥…200g

黑醋栗醬汁
黑醋栗果泥…65g
糖漿（1：1）※…20㎖
水…500g
砂糖…30g
凝膠粉…30g
糖漿（1：1）※…適量
※ 砂糖 1：水 1

浸漬糖漿的珍珠
珍珠…10g
黑醋栗果泥…15g
糖漿（1:1）※…適量

酥餅
奶油…50g
細蔗糖…50g
杏仁粉…50g
中筋麵粉（小麥粉）…50g

栗子焦糖布丁
蛋黃…48g
砂糖…24g
栗子蓉（pate de marrons）…50g
香草莢…1/4 根
鮮奶油…150g

栗子奶油
栗子蓉…80g
鮮奶油（pate de marrons）…30㎖
干邑白蘭地…2.5㎖

香緹鮮奶油
（crème Chantilly）
鮮奶油…100㎖
砂糖…8g

蛋白糖霜脆餅
粉砂糖…50g
杏仁粉…30g
蛋白…60g
砂糖…30g
食用色素（藍、紅）…少量

| 作法 |

1 製作黑醋栗冰淇淋

於鍋中放入牛奶並加熱至快沸騰為止。料理缽中倒入蛋黃、砂糖並打發至泛白後，加入牛奶。倒回鍋中加熱至83℃後用濾網過濾，加入黑醋栗果泥。倒入【PACOJET】的機器容器，【以 -20℃～-23℃ 24小時以上】冷凍。在盛裝之前攪拌需要的份量。

將冰淇淋基底在還是熱熱的狀態下倒入 PACOJET 專用的調理杯，直接放到急速冷凍櫃中冷凍即可。若是有很多個調理杯就可以冷凍製作大量庫存。

這是使用 PACOJET 將食材在冷凍狀態下粉碎後的樣子。若是冷凍沒有完全就無法粉碎得很漂亮，所以食材必須冷凍24小時以上。

PACOJET 只需取需要的份量，在不浪費食材下烹調。由於連細小骨頭或纖維也可以粉碎，所以像是馬賽魚湯可以將整個魚骨冷凍。

2 製作黑醋栗醬汁

將黑醋栗果泥與糖漿（20ml）混合，倒入直徑2cm的半球形烤盤內用【急速冷凍櫃 -18℃】冷凍。於鍋中倒入水、砂糖、凝膠粉加熱煮沸。用竹籤插起果泥，整個浸泡到凝膠液中再放到糖漿裡，在冰箱裡解凍。

冷凍的黑醋栗果泥塊一浸泡到熱熱的凝膠液中，果泥塊周圍馬上形成一層膜。因放到糖漿裡保存所以不會化成水水的。

急速冷凍櫃的冷藏或冷凍的溫度設定是關鍵。即使同時放入不同的食材，食材的味道也不會沾附到其他食材上。

3 製作浸泡到糖漿的珍珠

用熱水煮珍珠，待煮熟後過過冷水。瀝乾水分後加入黑醋栗果泥與糖漿。

4 製作酥餅

於料理缽中倒入回溫融化的奶油，加入細蔗糖作摻和攪拌至滑順狀。將杏仁粉與小麥麵粉混合攪拌並用竹籠過篩後，加到奶油中攪拌至無粉狀顆粒為止。接著鋪到烤焙紙上，用【蒸氣烤箱 烤焗模式180℃ 10分鐘】加熱，之後再攤平使其冷卻。

以烘烤塔類甜點的方式來設定溫度。因有加入細蔗糖與杏仁粉，所以烘烤完成時香氣四溢。

5 製作栗子焦糖布丁

在料理缽中放入蛋黃與砂糖打發至泛白。於栗子蓉中慢慢地一點一點加入打發的蛋黃、香草籽、鮮奶油攪拌。接著倒入直徑2cm的半球形烤盤內封上保鮮膜，加熱【蒸氣烤箱 combi 模式85℃ 濕度40% 40分鐘】。待烘烤完成後再以【急速冷凍櫃 -18℃】冷凍。

烘烤完成的栗子焦糖布丁。之後放到急速冷凍櫃內冷凍，裝盤時再解凍，像法式烤布蕾般帶有濃稠的口感。

使用 combi 模式，一邊用蒸氣加熱一邊用85℃慢慢烘烤。

6 製作栗子奶油

將栗子蓉均勻攪拌，倒入鮮奶油調整濃度，再加入干邑白蘭地添加香味。

7 製作香緹鮮奶油

在料理缽中倒入鮮奶油、砂糖，打發起泡。塑造成喜愛的形狀後以【急速冷凍櫃 -18℃】冷凍。

8 製作蛋白糖霜脆餅

將糖粉與杏仁粉混合攪拌後，用竹籠過篩。用蛋白與砂糖製作蛋白霜，加入粉類材料，需注意不要破壞到發泡狀態下攪拌。添加食用色素變成紫色。於烤焙紙上攤平厚度約2mm，乾燥烘烤。【蒸氣烤箱 烤焗模式60℃ 風力0 約5小時】

為了不讓表面帶有烘焙過的顏色，用60℃歷經5小時乾燥烘焙的蛋白糖霜脆餅。

9 盛盤

於盤子中將各式甜點以色彩鮮艷的方式擺盤。栗子焦糖布丁與香緹鮮奶油則以冷凍的狀態盛放，使其慢慢解凍。

TSUJI

小池浩司先生

Koji Koike

辻調理師專門學校的西洋料理教授。於「Ecole 辻大阪」法式與義式料理 master college、辻調 Group 法國分校畢業後,在校內執行教鞭長達 20 年以上,於「2014 年 André JEUNET 杯 第 11 界料理大賽 專業部門組」取得優勝。在朝日放送的人氣節目「上沼惠美子的聊天美食料理」以西式料理老師的身份擔綱演出。

「辻調理師專門學校」

地址:大阪府大阪市阿倍野區松崎町 3-16-11
電話:06-6629-0206
URL:http://www.tsuji.ac.jp

將肉類或魚類進行真空·低溫烹調,加熱完成後再增添烤過的顏色,像這樣的料理烹調方式越來越多。由於這是從歐洲傳來的技術,在日本是由西式料理開始普及這種技術,迄今連日本料理、中華料理、西點製作等也都紛紛導入。與其說是今後,倒不如說現在開始的課題是該如何妥善運用此技術。這也是為了解決今後可能會面臨的人手更加不足的問題。當然,在本校有教導學生它的理論與技術。

用於真空·低溫烹調的蒸氣烤箱與急速冷凍櫃,藉由設備導入可以省去準備的工時,將空出來的時間用來準備其他烹調,而且可以作大量烹調並對應人員不足的問題,在操作面上增加優勢,

只要善加活用就可大幅拓展料理種類的寬度,對料理人給予相當程度的激盪。為了善加活用,藉由無數次的試作來累積經驗及數據是不可欠缺的。只要將食材的加熱·冷卻時間、溫度、份量明確規定的話,無論是誰都可以按下按鈕就可輕鬆完成料理。將自己的料理更容易傳承給下一代的後輩,這一點也是很好的。

專心致力於真空·低溫烹調上,最重要的是須學習正確的食品衛生知識,以過去專精的烹調理論與基本技術為基礎,來了解真空·低溫烹調料理方式。由於在實施上衛生管理是最重要的課題,可藉由多方參加 HACCP 的講習會等,確實學習衛生管理知識與技術。

為了現在與將來,想要導入真空烹調方式,必須先了解食品衛生管理,實施正確的作法。

Culinary

Institute

蒸氣烤箱魅力料理技術教本

廚師的最佳幫手！
燒烤 · 燉煮 · 炊煮 · 煎炒 · 油炸 · 水煮 · 清蒸 · 溫熱
蒸氣烤箱一機搞定
創造出全新魅力的特色菜餚

本書匯集法國、義大利、西班牙、日本、中國等各領域料理的
名店料理人心得，向大家分享他們與蒸氣烤箱的機能磨合並找
出合適調理設定的寶貴經驗。

雖然在科技的協助下，蒸氣烤箱可以在許多層面為料理帶來更
多變化以及嶄新的風貌，但其所仰賴的，依然是眾多職人長久
以來鑽研此道，經過無數次的失敗和改良，才逐漸累積建構出
相關技術的基礎。對那些擅長、喜愛運用蒸氣烤箱的專家職人
來說，並非是完全將料裡交給設備一手包辦。而是將其視作最
佳良伴和挑戰者，從雙重角度出發，持續在那些充滿挑戰的細
節微調中追尋料理的極致與樂趣。

21×29cm　　　184 頁
彩色　　　定價600 元

究極燒肉技術教本

♫♪看過來，燒肉的美味細節在這裡 ♪♫

本書收錄了日本 10 ＋ 3 間大人氣燒肉店家的獨門商品化技術，
從牛肉的各部位處理細節開始，進貨、分割、修清、燒烤方式、
菜單規劃乃至木炭選用、排煙設備挑選和切肉機引進……等等，
外面沒有課程可以教你的開店核心技術，通通在這裡！包括一
般人認為不好料理、或者有不夠美味偏見的部位，都可以透過
套餐組合規劃及切割技術改善，讓牛肉的每個部位都一樣好吃，
不用再耗費大量時間打工累積經驗了！

【本書特色】
★牛肉各部位屠體圖解，外面學不到的細節在這裡
★人氣店家特調醬料配方公開
★人氣店家套餐規劃，出菜流程詳解

18.2×25.7cm　216 頁
彩色　　　定價550 元

瑞昇文化
http://www.rising-books.com.tw

＊書籍定價以書本封底條碼為準＊
購書優惠服務請洽：
TEL｜02-29453191
Email｜e-order@rising-books.com.tw

TITLE

16位專業主廚　最新調理機器活用技術教本

STAFF

ORIGINAL JAPANESE EDITION STAFF

出版	瑞昇文化事業股份有限公司	デザイン	野村義彦（LILAC）
監修	旭屋出版編輯部	撮影	後藤弘行　曽我浩一郎（旭屋出版）
譯者	蔡佳玲		香西ジュン　佐々木義仁　田中慶　野辺竜馬　東谷幸一
		取材・編集	安武晶子　三上恵子　稲葉友子　虻川実花
總編輯	郭湘齡		井上久尚　前田和彦　斉藤明子（旭屋出版）
責任編輯	張聿雯		
文字編輯	徐承義　蕭妤秦		
美術編輯	許菩真		
排版	曾兆珩		
製版	印研科技有限公司		
印刷	龍岡數位文化股份有限公司		

法律顧問　立勤國際法律事務所　黃沛聲律師

戶名	瑞昇文化事業股份有限公司
劃撥帳號	19598343
地址	新北市中和區景平路464巷2弄1-4號
電話	(02)2945-3191
傳真	(02)2945-3190
網址	www.rising-books.com.tw
Mail	deepblue@rising-books.com.tw

初版日期　2020年7月
定價　　　700元

國家圖書館出版品預行編目資料

16位專業主廚：最新調理機器活用技術
教本 / 旭屋出版編輯部監修；蔡佳玲譯.
-- 初版. -- 新北市：瑞昇文化, 2020.07
184面 ; 19X25.7公分
ISBN 978-986-401-431-6(平裝)

1.烹飪 2.食譜

427　　　　　　　　　　109008828

SAISHINTYOURIKI DE TSUKURU MIRYOKU MENU
© ASAHIYA SHUPPAN 2018
Originally published in Japan in 2018 by ASAHIYA SHUPPAN CO.,LTD..
Chinese translation rights arranged through DAIKOUSHA INC.,KAWAGOE.